Frontiers in Physics 18

量子アニーリングの基礎

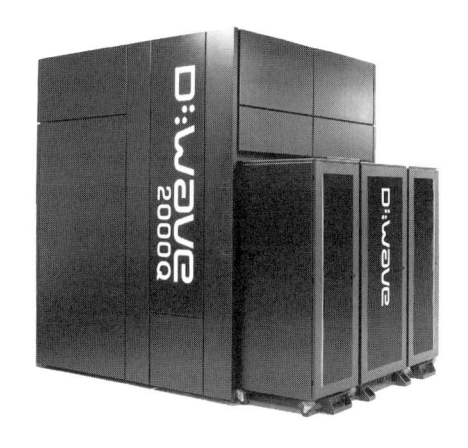

西森秀稔 [著]
大関真之

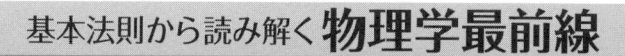

基本法則から読み解く**物理学最前線**

須藤彰三 [監修]
岡　真

18

共立出版

刊行の言葉

　近年の物理学は著しく発展しています．私たちの住む宇宙の歴史と構造の解明も進んできました．また，私たちの身近にある最先端の科学技術の多くは物理学によって基礎づけられています．このように，人類に夢を与え，社会の基盤を支えている最先端の物理学の研究内容は，高校・大学で学んだ物理の知識だけではすぐには理解できないのではないでしょうか．

　そこで本シリーズでは，大学初年度で学ぶ程度の物理の知識をもとに，基本法則から始めて，物理概念の発展を追いながら最新の研究成果を読み解きます．それぞれのテーマは研究成果が生まれる現場に立ち会って，新しい概念を創りだした最前線の研究者が丁寧に解説しています．日本語で書かれているので，初学者にも読みやすくなっています．

　はじめに，この研究で何を知りたいのかを明確に示してあります．つまり，執筆した研究者の興味，研究を行った動機，そして目的が書いてあります．そこには，発展の鍵となる新しい概念や実験技術があります．次に，基本法則から最前線の研究に至るまでの考え方の発展過程を“飛び石”のように各ステップを提示して，研究の流れがわかるようにしました．読者は，自分の学んだ基礎知識と結び付けながら研究の発展過程を追うことができます．それを基に，テーマとなっている研究内容を紹介しています．最後に，この研究がどのような人類の夢につながっていく可能性があるかをまとめています．

　私たちは，一歩一歩丁寧に概念を理解していけば，誰でも最前線の研究を理解することができると考えています．このシリーズは，大学入学から間もない学生には，「いま学んでいることがどのように発展していくのか？」という問いへの答えを示します．さらに，大学で基礎を学んだ大学院生・社会人には，「自分の興味や知識を発展して，最前線の研究テーマにおける“自然のしくみ”を理解するにはどのようにしたらよいのか？」という問いにも答えると考えます．

　物理の世界は奥が深く，また楽しいものです。読者の皆さまも本シリーズを通じてぜひ，その深遠なる世界を楽しんでください．

須藤彰三

岡　真

まえがき

　量子アニーリングは，最初は磁性体のイジング模型の基底状態を量子力学的なゆらぎを利用して探索する方法として考案された．社会的に重要な問題を含む一群の問題（組み合わせ最適化問題）がイジング模型の基底状態探索として表現できることから，量子アニーリングをハードウェアの動作原理として実装して世に出した企業が現れた．カナダのベンチャー企業 D-Wave Systems である．D-Wave マシンは Google，NASA，ロスアラモス国立研究所などの巨大 IT 企業や米国政府研究機関に納入され，クラウドでのユーザーも含めてその顧客は増え続けている．さらに，Google は独自の量子アニーリングマシンの開発を開始し，米国は大規模な国家プロジェクトで高機能量子アニーリングマシンの基盤技術を開発し始めている．こうした動きがテレビ，新聞，雑誌，ウェブメディアなどで報道される機会が目に見えて増えてきた．

　筆者らは『量子コンピュータが人工知能を加速する』（西森秀稔・大関真之著，日経 BP 社）と題して，一般向けの解説書を 2016 年に出版した．式をまったく使わずに，量子アニーリングの考え方や目的だけでなく，歴史的な経緯や社会的な背景および今後の発展性まで幅広く説明した．この本はかなりの反響を呼び，まったく予想しなかった読者層から様々なコメントや激励をいただいた．一方で物理や情報のバックグラウンドを持つ読者からは，もっと深く学びたいという要望も寄せられた．そこで，こうした要望に少なくとも部分的には応えるべく本書を執筆することにした．部分的というのは，筆者らの力量の限界および本シリーズ『基本法則から読み解く物理学最前線』の趣旨から，網羅的な教科書にはなっていないためである．筆者らが研究の最前線で直接関わった話題を中心にし，関連したテーマについても文献をできるだけたくさん挙げて必要に応じてさらに深く学べるように配慮した．

　本書も比較的広い読者層が予想されるため，基礎知識や興味の方向性をどう想定して話を進めるべきか迷ったが，話をあまり拡散させないために物理を学ぶ学部学生を主なターゲットにして書くことにした．量子力学や統計力学の解説は省略してもよかったのかもしれないが，基本的な事項の確認の意味でそれぞれ1つの章あるいは付録を充てた．量子力学や統計力学を学んでいない読者にとって，読み進めるにあたってこれらが有用であることを期待している．

　本書は，筆者らの京都大学理学研究科や東京大学工学系研究科での集中講義に基づいている．また，東京工業大学，東北大学，デンソーの大木俊幸，岡田俊太郎，須佐友紀，高橋茶子，山城悠，山本雅之の各氏には原稿の仕上げに協力いただいた．これらの方々や，集中講義を聴講して熱心に質問をしてくれた学生諸君に心より感謝したい．本書がこの分野に興味を持ち足を踏み入れようとしている若い人たちの道しるべになれば大変幸いである．

　　2018 年 4 月　　　　　　　　　　　　　　　　　　　　　　西森秀稔

　　　　　　　　　　　　　　　　　　　　　　　　　　　　　　大関真之

目　次

第1章

量子アニーリングとは いったい何か

量子アニーリングは，量子力学の法則を使ってある種の情報処理をするための枠組みである．量子アニーリングの理論に沿って作られた装置（量子アニーリングマシン）がカナダのベンチャー企業 D-Wave Systems（以下，D-Wave）によって開発され，Google，NASA，ロッキード・マーティン，ロスアラモス国立研究所などの巨大企業や米国の主要国立研究機関が次々に導入して話題を呼んでいる．本書では，この装置の動作原理である量子アニーリングの理論について物理の観点から解説する．

1.1　社会的背景

「ムーアの法則」という言葉を聞いたことがあるだろうか．集積回路上のトランジスタの数はおよそ 2 年ごとに 2 倍になっていくという説である．Intel の創業者ゴードン・ムーアが 1965 年にその原型を唱えた．トランジスタの数がコンピュータの性能の目安だとして，コンピュータの性能は長い間この法則に沿って向上してきた．むしろムーアの法則を目安として半導体業界が性能向上の努力を続けてきたという方が実態に近いかもしれない．しかし，しばらく前から限界が見え始めている．基本素子であるトランジスタの大きさが原子の大きさに近づいてきていて，これ以上小さくすると従来とは異質な世界に入ってしまう．産業界だけでなく一般社会にも深く入り込んだコンピュータの性能のさらなる向上が期待されている現在，これまでとまったく違った発想の模索が必要となってきた．

コンピュータ単体の性能だけではない．膨大な数のコンピュータが社会のあ

らゆる場所に浸透して私たちの生活や産業活動を動かすようになった結果，消費電力が大きな問題になってきている．2013 年の時点でコンピュータを中心とする IT が消費する電力は年間 1500 TWh（テラワット時）にのぼり，世界の総発電量のなんと 1 割を占めるとのことである [1]．サーバーに膨大な電力を使用している Google，Amazon，Facebook などの巨大 IT 企業は比較的気温の低い場所にデータセンターを設置して冷却用電力の節減を図るとともに，再生可能エネルギーの導入に腐心している．

　超伝導量子ビットを使った量子アニーリングマシンが登場して反響を呼んでいる背景には，このような社会情勢も横たわっている．基本素子である量子ビットに超伝導体を使うと，チップの冷却用以外にはほとんど電力を使わない．CPU とメモリを合わせた機能を持つ 1 平方センチ程度のごく小さなチップだけを極低温に冷やせばよい．D-Wave が製造・販売している量子アニーリングマシンの消費電力は約 20 kW である．これは日本の平均的な家庭約 50 軒分の消費電力に相当する [2]．ちなみに，スーパーコンピュータ京の消費電力は 12 MW 程度，一般家庭のおよそ 3 万軒分である [3]．もちろん能力を発揮する方向が違うので単純な比較はできないが，膨大な計算資源と電力消費を必要とするデータ処理の一部でも超伝導技術を使ったシステムに任せることができれば，大きな効果が期待できるのは確かだろう．量子アニーリングマシンは，開発が進んで現在よりずっと大きなシステムになっても，極低温に冷却する部分はごく小さいままなので消費電力は基本的にほとんど増えない．これが現在のコンピュータとの大きな違いである．

1.2　量子アニーリング

　量子コンピュータの研究開発において長い研究の歴史を持ち，膨大な研究成果の蓄積があるのは量子ゲート方式（量子ゲート模型，量子回路模型）である．この方式の最大の強みは，量子力学系のシミュレーションなどのいくつかの計算が古典コンピュータ[1)] より大幅に効率よく実行できることが保証されている

---

1) 通常のコンピュータを古典コンピュータと呼ぶ．

ところにある[2]. ただ, 基本素子である量子ビットを多数集積した大規模な回路を構成して安定に演算を実行する技術の開発は, なお途上にある.

量子アニーリングは基本素子として量子ビットを使うという点は同じだが, 量子ゲート方式とは当面の目的やその実現手法が違っている. 組み合わせ最適化問題やその拡張としてのサンプリングが量子アニーリングの当面の目的である. 物理の言葉で言えば, 磁性体のイジング模型の基底状態（最低エネルギー状態）や低温での平衡分布を求める問題である. 8 章で説明するように, ハードウェアとして現在実現されている単純な形の量子アニーリングを少し拡張すると, 量子ゲート方式でできることは原理的には何でもできるようになることが知られており, 原理のレベルでは両方式に根本的な違いはない. 量子アニーリングを拡張するのに必要な回路を実装する研究開発も急速に進んでいる.

量子アニーリングの強みのひとつはシステムの安定性である. 量子ゲート方式に比べるとノイズの影響を受けにくく, 安定に動作しやすい. 現時点で 2000 を超える量子ビットが集積されたシステムが D-Wave によって開発され市販されている (図 1.1). 量子ゲート方式とは違って, 量子アニーリングにおいては計算に関わるすべての量子ビットが常に互いに結合していて, 全体として最もエネルギーが低い状態（基底状態）に保たれながら動作するよう設計されている. このため, ノイズはすべての量子ビットが合わさったシステム全体に対して作用し, 個別に作用するときに比べてその影響は相対的に小さくなる. 個々の量子ビットが安定性を保てる時間（コヒーレンス時間）の観点とは違うメカニズムで安定動作する時間が決まってくるとされている [4]. D-Wave マシンのチップを構成している個々の量子ビットのコヒーレンス時間は数十ナノ秒 (ナノ秒=10^{-9} s) 程度だが, 1 回の計算時間は最短で数マイクロ秒 (10^{-6} s) 程度と数桁の違いがある. それにもかかわらず量子アニーリング理論に沿って動作しているとしか解釈できない直接, 間接のデータが提出されている [5–9].

組み合わせ最適化問題やサンプリングは人工知能の開発を支える機械学習に密接に関係しており, 高速に処理することができれば社会的に大きな意味を持つ. 実際にマシンが設置され, 多くの検証実験が行われて大量に論文が出版さ

---

[2] すべての計算が速くなるわけではなく, 速くなることがわかっている問題は限られていることには注意する必要がある.

図 1.1　D-Wave マシンの外観．およそ 3 メートル立方の大きな黒い箱の中のほとんど
はメインテナンス用の空間である．情報を蓄え演算を担うチップは 1 平方セン
チ程度である (Media courtesy of D-Wave).

れているという事実は研究者のコミュニティーにも大きな影響を及ぼし，量子
アニーリングの研究者や論文の数が北米を中心に急速な増加を続けている．こ
うした努力の積み重ねにより D-Wave マシンの特性や限界が次第に明らかにさ
れつつあり，それを踏まえて次世代のマシンの理論的基盤や製造の方向性が盛
んに議論されている．量子統計力学などの物理学の理論を応用した研究がこう
した研究活動で重要な位置を占めており，基礎的な理論研究と製品開発がほと
んど一体化した非常にユニークな分野になっている．

1.3　　量子アニーリングは何を目指すのか

　量子アニーリングの最大の特徴は，組み合わせ最適化問題の一般的な解法（メ
タヒューリスティック）としての位置づけである．組み合わせ最適化問題とは，
離散値をとる多くの変数があるとき，それらの 1 価関数（コスト関数，目的関
数）を最小化ないし最大化する問題である．物理で登場する一例でいえば，ハ
ミルトニアン（エネルギー）が

$$H(\boldsymbol{\sigma}) = -\sum_{i<j} J_{ij}\sigma_i\sigma_j - \sum_{i=1}^{N} h_i\sigma_i \qquad (1.1)$$

で与えられるイジング模型の最低エネルギー状態（基底状態）を求める問題が組み合わせ最適化問題に属する．$\boldsymbol{\sigma}$ は変数の組 $\{\sigma_1, \sigma_2, \ldots, \sigma_N\}$ を表す．各 σ_i は ± 1 の 2 つの値をとり，イジング変数（イジングスピン）と呼ばれる．N はスピンの数を表す整数であり，一般に大きな値をとる．式 (1.1) の右辺第 1 項は異なる i, j すべての組についての和である．ただし (i, j) と (j, i) は区別しないので，数えすぎないように $i < j$ に限定している．相互作用と局所磁場を表す定数の組 $\{J_{ij}, h_i\}$ が与えられたとき，エネルギー $H(\boldsymbol{\sigma})$ を最小にする $\boldsymbol{\sigma}$ を求めよという問題といえる．

　各 σ_i が ± 1 の 2 つの値をとり，i は 1 から N までの番号を表しているから，許される変数の値としては $\sigma_1 = \sigma_2 = \cdots = \sigma_N = 1$ から $\sigma_1 = \sigma_2 = \cdots = \sigma_N = -1$ まで全部で 2^N 個の可能性がある．N が大きくなるにつれてこの数 2^N は急速に増大し，すべての可能性をしらみつぶしに調べて最小値を探す作業は N が数十を超えると実質的に不可能になる．

　組み合わせ最適化問題がイジング模型で表されるのは，離散変数がイジングスピンで表現できるからである．離散変数を 2 進数で表示したときに出てくる 0 と 1 を ± 1 に置き換えればよい．最小化するべき関数がハミルトニアンである．最大化の問題なら，コスト関数にマイナスの符号を付ければ最小化になる．

　組み合わせ最適化問題の典型的な例として，巡回セールスマン問題がよく知られている．いくつかの地点を巡って元の場所に戻ってくる最短経路を探す問題である．α 番目の地点を i ステップ目に訪れるか否かを 1 または 0 をとる変数 $q_{\alpha i}$ で表し，それを ± 1 のイジング変数に書き換えれば経路長をイジング変数の組で表現できて，イジング模型の基底状態の探索になる．2 章でもう少し詳しく解説する．

　最適化問題を超えて量子アニーリングを使おうとする動きも始まっている．D-Wave マシンのような量子アニーリングマシンでは，最低エネルギー状態を実現するために，理想的には絶対零度で動作することが望ましい．実際には厳密な零度にはできないので熱雑音が入ってくる．また，製造技術上の限界など

のため理論どおりに動作するシステムを作ることは実際には難しい．最低エネルギー以外の状態が解の候補として出力されることもよくある．そこで，必ずしも厳密解でないものも含めて量子アニーリングマシンから出力されるデータをすべて使って，ボルツマン機械学習という手法に必須のデータのサンプリングを行う装置として利用しようという発想である．これについては 10 章でより詳しく解説する．

　さらに，量子アニーリングをいくぶん拡張すれば，原理的には量子ゲート方式の量子コンピュータと同じことができるようになることが知られている．また，ある種の問題に対しては同じ拡張で大幅な高速化が達成されることが知られている．この方向に沿ったデバイスの研究開発も最近急速な進展を見せている．

1.4　量子アニーリングはどうやって最適化問題を解くのか

　量子アニーリングにおいては，イジング模型のハミルトニアンの基底状態を求めるためにまず，各スピンの状態を量子力学的に不確定にする．スピンの値が +1 なのか −1 なのかどちらとも決まらず，2 つの状態を量子力学の意味で同時にとるように初期設定する[3]．各スピンが ±1 の両方の状態を同時にとるので，N 個あるスピン全体では 2^N 個という非常に多くの状態が同時に表現されていることになる．最終的な解がどんな状態かわからないので，2^N 個すべての状態を同じ確率で実現してから計算プロセスを開始する．

　そして，次第に量子力学的な効果（量子ゆらぎ）を小さくしていくのと合わせてスピン間の相互作用 $\{J_{ij}\}$ や局所磁場 $\{h_i\}$ の影響を強くしていって，イジング模型のハミルトニアン式 (1.1) の基底状態に向かって各スピンが ±1 のどちらかに確定した状態を自律的に選んでいくようにする．最後に量子ゆらぎを遮断するとハミルトニアンの基底状態が選ばれる．ここで「自律的に」選ぶというところがミソで，系はシュレディンガー方程式に従って自然に時間発展していって解を選ぶ．シュレディンガー方程式は量子力学の世界を記述する基本方

---

[3] 量子力学になじみがなければ，同時に 2 つの状態をとるという意味はわからないだろう．3 章で詳しく説明するので当面は，そんなことがあるということをとりあえず受け入れて読み進めてほしい．

程式なので，通常のコンピュータのようにプログラムを組んでその指示どおり
に 1 ステップずつ動いていくのではない．パラメータの影響度を決める制御信
号を変えていけば，自然に答えに行き着く．このような量子アニーリングの理
論をハードウェアとして実現する装置が実際に開発されて，市販されるに至っ
たことはすでに述べたとおりである．

　以上のような背景や目的を持つ量子アニーリングの理論的なバックグラウン
ドを本書では丁寧に説明していく．

第2章

イジング模型と組み合わせ最適化問題

イジング模型は量子アニーリングの原理を理解する出発点となる。本章では
イジング模型の基本を述べた後，組み合わせ最適化問題をイジング模型の基底
状態を探索する問題として表す方法について解説する。

2.1　イジング模型

± 1 という 2 つの値をとるイジング変数を $\sigma_i (= \pm 1)$ とする。$i (= 1, 2, \ldots, N)$
はイジング変数の番号であり，サイト（格子点）番号と呼ばれる。

2 つのイジング変数 σ_i と σ_j の積に定数 $-J_{ij}$ をかけた $-J_{ij}\sigma_i\sigma_j$ は 2 つのイ
ジング変数の間の相互作用のエネルギーを表している。積 $\sigma_i\sigma_j$ が $+1$ か -1 か
によって相互作用エネルギー $-J_{ij}\sigma_i\sigma_j$ は $-J_{ij}$ か J_{ij} の 2 つの値をとりうる。
σ_i に定数をかけた $-h_i\sigma_i$ は局所磁場のエネルギーである。σ_i の符号に応じて
$-h_i$ あるいは h_i の 2 つの値をとる。これらを合わせた

$$H(\boldsymbol{\sigma}) = -\sum_{i<j} J_{ij}\sigma_i\sigma_j - \sum_{i=1}^{N} h_i\sigma_i \tag{2.1}$$

は全エネルギーを表し，イジング模型のハミルトニアンと呼ばれる[1]。図 2.1
は 2 次元平面上の正方格子の格子点上にサイトが配置され，隣同士（最近接点）
の間に相互作用がある例である。相互作用の係数 J_{ij} が正のとき $(J_{ij} > 0)$，こ
れを強磁性的相互作用という。強磁性的相互作用の場合，相互作用エネルギー
$-J_{ij}\sigma_i\sigma_j$ は $\sigma_i = \sigma_j$ のときに低い値 $-J_{ij}$ をとる。

---

[1] σ_i と σ_j が相互作用していないときには $J_{ij} = 0$ とする。

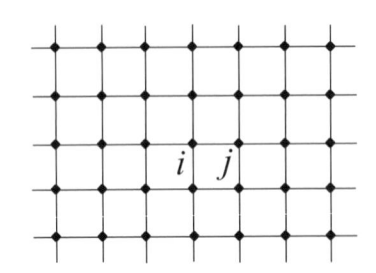

図 2.1　2 次元平面上の正方格子．黒い点が格子点を表す．i と j は最近接格子点である．

2.2　フラストレーションとスピングラス

相互作用が存在する（J_{ij} が 0 でない）すべてのサイト対 (i, j) に対して J_{ij} が一定の正の値 $J > 0$ を持つとき [2]，式 (2.1) のハミルトニアンの基底状態は自明であり，すべてのスピンが同じ値（$\sigma_1 = \sigma_2 = \cdots = \sigma_N$）をとる．一方，後に述べるようにして組み合わせ最適化問題をイジング模型で表現すると，相互作用の値が (i, j) ごとに異なる値をとる場合がほとんどである．このときは基底状態は容易には求まらず，これが組み合わせ最適化問題の難しさを引き起こしている．この点をもう少し深く理解するためにフラストレーションという概念を導入しよう．

相互作用しているサイトの対 (i, j) $(J_{ij} \neq 0)$ をボンドと呼ぶ．ボンドの相互作用エネルギー $-J_{ij}\sigma_i\sigma_j$ をできるだけ低くするとともに全体の基底状態を求めるのが課題である．ボンド (i, j) だけに着目すれば，これは簡単な話である．$J_{ij} > 0$ のときには $\sigma_i = \sigma_j = 1$ または $\sigma_i = \sigma_j = -1$，$J_{ij} < 0$ のときには $\sigma_i = -\sigma_j = 1$ または $\sigma_i = -\sigma_j = -1$ とすればよい．ところが，3 つ以上のボンドにおける相互作用を同時に考えるとそう簡単にはいかなくなることがある．少なくとも 1 つのボンドにおいて最低エネルギー状態を実現することができない．このときフラストレーションがあるという．

具体例で説明しよう．イジングスピンが 3 つあり，それらの間に同じ負の値

---

[2] 例えば図 2.1 の正方格子では，i と j が隣り合っていると $J_{ij} = J > 0$，隣り合っていないと $J_{ij} = 0$.

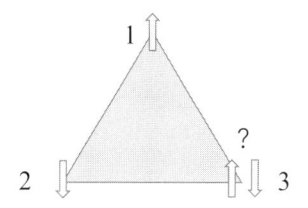

図 **2.2** 3角形の3つの辺に反強磁性的相互作用があるイジング模型ではどのスピン対も互いに反対方向を向こうとするが，すべての辺でその条件を満たすことはできない.

$J < 0$ の相互作用（反強磁性的相互作用）があるとする．1つのボンドに注目すると，J が負だから両端のスピンは逆符号をとった方がエネルギーが低い．$\sigma_i = -\sigma_j$ である．ところが，図 2.2 に示すようにこの条件を3つのボンドのすべてについて満足することはできない．例えば $\sigma_1 = 1$ だとする．図 2.2 ではこれを上向きの矢印で表してある．サイト 1 と 2 は逆向きが望ましいから $\sigma_2 = -1$(下向き矢印) となる．サイト 2 とサイト 3 の間でも同様の考察から $\sigma_3 = 1$ になる．ところがこうすると $\sigma_1 = 1$ と $\sigma_3 = 1$ が同符号になってしまい，これらの間の相互作用エネルギー $-J\sigma_1\sigma_3$ は低い値 $J (< 0)$ でなくて高い値 $-J (> 0)$ になる．この場合，どうやってもすべてのサイトの対で相互作用を最低エネルギー状態にとることはできない．これがフラストレーションの典型例である．フラストレーションとは，局所的な相互作用の基底状態がハミルトニアン全体の基底状態になっていないことだともいえる.

　フラストレーションが存在すると，基底状態や低エネルギーの励起状態に縮退（同じエネルギー値を持つ異なる状態があること）が起きる．上述の3角形上の反強磁性相互作用系の例では状態は全部で $2^3 = 8$ 個あるが，これらのうちの図 2.3 に示す6個が基底状態になっている.

　このように，フラストレーションがあると系の状態空間の構造が非自明になる．よく知られた典型例がスピングラスである．スピングラスにおいては，ハミルトニアンに相互作用 J_{ij} が (i,j) ごとに符号や大きさがランダムな値をとる [10]．スピングラスの基底状態を求めるのは非常に難しい問題として知られている．スピングラスの基底状態を求める問題は組み合わせ最適化問題の例である．逆に，難しい組み合わせ最適化問題はスピングラスと共通の特徴を数多

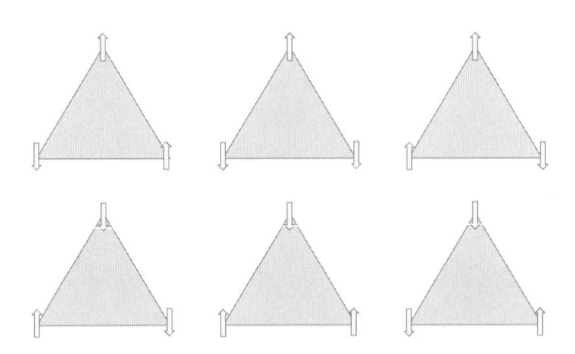

図 2.3　3個のイジングスピンが反強磁性的に相互作用していると基底状態が6個あり
　　　　　縮退する．いずれの状態でも，平行になっているスピン対は1つだけである．

く持っている．

2.3　組み合わせ最適化問題とイジング模型

　離散多変数関数の最小値（あるいは最大値）およびその最小値を与える変数
の値を求める問題が組み合わせ最適化問題である．関数全体の符号を変えると
最大値と最小値を入れ替えられるから，最小値問題のみを扱っても一般性は失
われない．

　組み合わせ最適化問題とイジング模型の関係は，次のように表現できる．

主張　任意の組み合わせ最適化問題は，多体相互作用（多数のイジングスピンの
　　　積で表されるエネルギー）を持つイジング模型の基底状態探索問題として
　　　表すことができる．

導出　離散変数は桁数が有限の2進数で表すことができる．2進変数 $q = 0,\ 1$ の
　　　和の代数はイジング変数 $\sigma = \pm 1$ の積の代数と関係式 $\sigma = (-1)^q$ により同
　　　等である．そこで，適当な自然数 N を持ってきて離散変数の組をイジング
　　　変数の組 $\boldsymbol{\sigma} = \{\sigma_1, \sigma_2, \ldots, \sigma_N\}$ で表すことにする．

　　　次に，最小化したい関数（コスト関数, 目的関数）を $H(\boldsymbol{\sigma})$ とする．各
　　　σ_i はイジング変数 (± 1) で $\sigma_i^2 = 1$ だから，$H(\boldsymbol{\sigma})$ は $\{\sigma_1, \ldots, \sigma_N\}$ の最大 N
　　　次の多項式として表すことができる．

$$H(\boldsymbol{\sigma}) = c_0 + \sum_{i=1}^{N} c_i^{(1)} \sigma_i + \sum_{i<j} c_{ij}^{(2)} \sigma_i \sigma_j$$
$$+ \sum_{i<j<k} c_{ijk}^{(3)} \sigma_i \sigma_j \sigma_k + \cdots + c_{123\cdots N}^{(N)} \sigma_1 \sigma_2 \cdots \sigma_N \qquad (2.2)$$

N 次以上の項を作ると，$\{\sigma_1,\ldots,\sigma_N\}$ のうちのどれかの σ_i が必ず 2 度以上現れることになるが，$\sigma_i^2 = 1$ により次数が N またはそれ以下まで下がる．上の式で係数 $\{c_{ij\cdots}^{(n)}\}$ の個数は各和に現れる項の数である．例えば，3 次の項の数は N 個から 3 個を選ぶ組み合わせ $\binom{N}{3}$ なので $c_{ijk}^{(3)}$ はこの数だけの種類がある．全体の個数は

$$1 + N + \binom{N}{2} + \cdots + \binom{N}{N-1} + 1 = (1+1)^N = 2^N \qquad (2.3)$$

となる．係数が 2^N 個あるから，これら係数の値を適切に選べば関数 $H(\boldsymbol{\sigma})$ がとりうる 2^N 個の値 $H(1,1,\ldots,1)$ から $H(-1,-1,\ldots,-1)$ を過不足なく表現できる．（**導出終**）

こうして，多体相互作用を持つイジング模型式 (2.2) の基底状態を探す問題が持つ一般性が明らかになった．

2.4 現実のデバイス上での表現 (I): 多体相互作用 [‡]

　量子アニーリングをハードウェアとして実現した D-Wave マシンでは，イジング変数の間の相互作用は式 (2.1) で表される 2 体の相互作用（2 つのイジングスピンの積）に限られている．ところが，一般には組み合わせ最適化問題をイジング模型を使って表現すると式 (2.2) のように多体相互作用 (多数の σ_i の積) が出現する．そこで，多体相互作用を 2 体で表現する必要が生じる．基底状態探索問題に関する限りこれは次のような工夫によって可能である．

　説明の都合上，0, 1 の 2 値変数 q を使う．イジング変数への書き換えは

[‡] この節はやや立ち入った話なので初めて読むときは飛ばしてもよい．

$\sigma = (-1)^q = 1 - 2q$ ですぐできる．さて，3 体相互作用 $q_1q_2q_3$ を 2 体に書き換えたいとする．積 q_2q_3 を新たな 2 値変数 $q_4\,(= 0, 1)$ で置き換えて，$q_1q_2q_3$ を q_1q_4 と書けば見かけ上は 2 体化されたことになる．ただし，q_2q_3 と q_4 が等しい値をとるようにしておかなければならない．そこで，$q_2q_3 = q_4$ が成り立たないとエネルギーが高くなって基底状態から外れるよう，次の項（ペナルティー項）をハミルトニアンに加える．

$$H_p = 3q_4 + q_2q_3 - 2q_2q_4 - 2q_3q_4 \tag{2.4}$$

表に示すように，この式は $q_2q_3 = q_4$ のときだけ 0，他は正の値をとる．

q_2	q_3	q_4	H_p
0	0	0	0
0	1	0	0
1	0	0	0
1	1	0	1
0	0	1	3
0	1	1	1
1	0	1	1
1	1	1	0

$q_2q_3 \neq q_4$ だとエネルギーが高くなる．したがって，最低エネルギー状態である基底状態を探す問題に関する限り上式の正の定数倍をハミルトニアンに付け加えることにより $q_2q_3 = q_4$ の条件が課されるから，元と同じ問題を解いていることになる．こうして 3 体相互作用が 2 体で表された．同じようにして 4 体を 3 体にできる．一般の多体相互作用についても，次数を順次落としていって最終的には 2 体にできる．

　ペナルティー項の選び方は式 (2.4) だけではない．式 (2.4) を一般化して q_2, q_3, q_4 の 2 次形式

$$H_p = c_0 + c_1q_2 + c_2q_3 + c_3q_4 + c_4q_2q_3 + c_5q_2q_4 + c_6q_3q_4 \tag{2.5}$$

について上のような表を作って $q_2q_3 = q_4$ のときだけエネルギーが 0，それ以外

は正になるように係数 $c_0, c_1, \ldots, c_6$ を選べばよい．解の 1 つが式 (2.4) であるがそれ以外にも解が多数ある．自分で試してみよ．

2.5　現実のデバイス上での表現 (II): 長距離相互作用など[§]

　D-Wave マシンのような現実の量子アニーリングマシンでは，イジング変数の間に設定できる相互作用は物理的に近接した場所（サイト）の間のみに限られている（図 2.4）．ところが，最適化問題をイジング模型で表現すると，一般には遠くの場所との相互作用を含む形になる．この問題を解決するためにいくつかの方法が提案されているが，そのひとつを紹介しよう [11]．

　長距離の 2 体相互作用を持つイジング模型のハミルトニアンは

$$H = -\sum_{i<j} J_{ij}\sigma_i\sigma_j \tag{2.6}$$

である．簡単のため局所磁場はないとしている．番号 i のサイトと番号 j のサイトは一般にはデバイス上で隣り合っているとは限らず，離れた場所に配置されている状況を想定する必要がある．これが長距離相互作用という言葉の意味である．i と j が直接，接していないときに $-J_{ij}\sigma_i\sigma_j$ をどうやってデバイス上

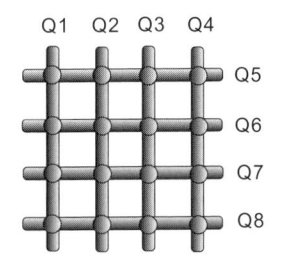

図 **2.4**　D-Wave マシンのチップの単位になる 8 個の量子ビットの配置の模式図．縦長の 4 つの量子ビット Q1 から Q4 と横長の 4 つ Q5 から Q8 が重ね合わされて，各交点で相互作用するようになっている．この 8 量子ビットから成る単位が平面上に敷き詰められて，隣の単位の近接する量子ビットの間に相互作用が設定される．キメラグラフと呼ばれる構造である．

[§] この節もやや立ち入った話なので初めて読むときは飛ばしてもよい．

で表すかが問題である.

そこで大胆にも，上式の和に現れるそれぞれの項 $\sigma_i\sigma_j$ を新たに導入する単一のイジング変数で置き換える. すなわち $\sigma_i\sigma_j$ を $\tilde{\sigma}_k$ と書き J_{ij} を J_k と書くことにして，上のハミルトニアンを

$$H = -\sum_k J_k\tilde{\sigma}_k \qquad (2.7)$$

と書き直す. k はすべての相互作用の対にわたって値をとる. その個数は $(1,2),(1,3),\dots,(N-1,N)$ の全部で $N(N-1)/2$ である. こうして，表面上は相互作用が消えて相互作用のない独立なイジングスピンの集合に置き換えられた. 独立なイジングスピンはデバイス上で直接表現できるので，当初の目的が達せられたように見える.

しかし，これだけではあまりに単純すぎる. 単に見かけ上，2 体を 1 体のように書き直しただけであり，自由度が N から $N(N-1)/2$ に増えているのでこのままでは元の問題と等価でない. いろいろな $\tilde{\sigma}_k$ の間に適切な制約条件を入れて自由度を元に戻さなければならない. 例えば，$\sigma_1\sigma_2 = \tilde{\sigma}_A$，$\sigma_2\sigma_3 = \tilde{\sigma}_B$，$\sigma_3\sigma_4 = \tilde{\sigma}_C$，$\sigma_4\sigma_1 = \tilde{\sigma}_D$ とおいたとすると $\tilde{\sigma}_A,\tilde{\sigma}_B,\tilde{\sigma}_C,\tilde{\sigma}_D$ は独立ではなく

$$\tilde{\sigma}_A\tilde{\sigma}_B\tilde{\sigma}_C\tilde{\sigma}_D = \sigma_1^2\sigma_2^2\sigma_3^2\sigma_4^2 = 1 \qquad (2.8)$$

という制約条件を満たさなければならない.

そこでまず，図 2.5 のように $\tilde{\sigma}_k$ を三角形の辺および内部に並べる. そして，4 つの隣接した $\tilde{\sigma}_k$ の積が 1 になるという制約を課す. 例えば，左側の斜めの辺に接したやや太めの線の十字形において $\tilde{\sigma}_{13}\,(=\sigma_1\sigma_3)$, $\tilde{\sigma}_{14}\,(=\sigma_1\sigma_4)$, $\tilde{\sigma}_{24}\,(=\sigma_2\sigma_4)$, $\tilde{\sigma}_{23}\,(=\sigma_2\sigma_3)$ をかけ合わせると σ_1 から σ_4 までがすべて 2 回ずつ現れるから，積は 1 にならなければならないという制約が生じる. 他のすべての十字形についても同じ制約が課せられる. この条件の数は十字形の数（小さな丸印の数）に等しい. 例えば図の一番下の Readout と書かれた行では条件 (小さな丸) は 4 つある. 今の場合 $N = 6$ であり，一般には最下行の制約条件は $N-2$ 個になる. 同様にその上の行では $N-3$ 個の制約条件が存在する. こうして全部で

$$(N-2) + (N-3) + \dots + 2 + 1 = \frac{1}{2}(N-1)(N-2) \qquad (2.9)$$

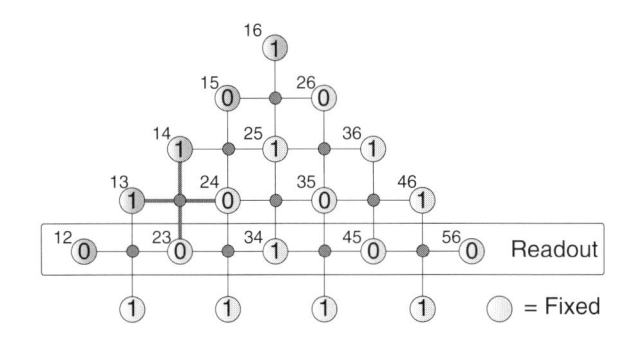

図 **2.5**　2 つのスピンの積を新たな 1 つのスピンと定義し，それらを三角形内の格子点上に配置する．例えば，$\sigma_1\sigma_6$ という積で定義された新たなスピン $\tilde{\sigma}_{16}$ が最上部に配置されている．近接した十字の端点に配置された新たな 4 つのスピンの間には積をとると 1 になるという制約が課され，その制約は 4 つのスピンを結ぶ十字の中心にある小さな丸印で表されている．数字が書かれた丸印の "1" はイジングスピンの値 1 に対応し，"0" はイジングスピンの値 −1 に対応する．十字のまわりの 4 つのスピンでは "0" の数が偶数にならなければならない．最下行だけは 3 つのスピンの積が 1 になるという制約になるので，4 つのスピンの間の制約という形をとるために Fixed と書かれた追加行に "1" に固定されたスピンが配置されている．Lechner *et al.* [11] による．

が制約条件の数である．自由度はこの制約条件の数の分だけ減少して，全部で

$$\frac{1}{2}N(N-1) - \frac{1}{2}(N-1)(N-2) = N-1 \tag{2.10}$$

になる．元の自由度である N より 1 つ少ないが，元のハミルトニアンが持っている全反転対称性（$\sigma_i \to -\sigma_i$, $\forall i$ で H が不変）を反映している．次のように考えればよい．$\{\tilde{\sigma}_k\}$ で表されたハミルトニアンの基底状態が得られたとして，それを元の $\{\sigma_i\}$ に戻すとしよう．図 2.5 の下の方にある Readout 行が読み出し行である．この行のスピン配位 $\{\tilde{\sigma}_k\}$ の情報が得られたとする．$\tilde{\sigma}_{12} = \sigma_1\sigma_2$ がわかっているので，σ_1 が決まっていれば σ_2 が決まる．次に，$\tilde{\sigma}_{23}$ の情報から σ_3 を決める．このようにして順番に決めていくと，最後の σ_N まで行き着くことができる．しかし，最初の σ_1 をどう選ぶかはこのようなプロセスからは決められない．σ_1 を 1 としてすべてのスピンを決めていったときと，逆符号の $\sigma_1 = -1$ として決めていったときとは，すべてのスピンの符号を一斉に反転しただけの違いになる．ハミルトニアン式 (2.6) は 2 つのイジングスピンの積で

表されているので，その値（基底状態のエネルギー）はどちらでも同じになる．以上の議論から明らかなとおり，自由度は N 個あるが実際には σ_1 はどうでもよいので実質的な自由度は $N-1$ になる．

　さて，十字形の4端にある4つのスピンの積が1になるという制約を具体的に表現する必要がある．そのために，積が1にならない場合にエネルギーが高くなるようにペナルティー項を付加する．A, B, C, D が十字形の4端の場所を表すとして，

$$-a\tilde{\sigma}_A\tilde{\sigma}_B\tilde{\sigma}_C\tilde{\sigma}_D \quad (a > 0) \tag{2.11}$$

をハミルトニアンに付け加える．$\tilde{\sigma}_A\tilde{\sigma}_B\tilde{\sigma}_C\tilde{\sigma}_D = 1$ を満たすスピン配位が低いエネルギー $-a$ を持ち，満たさない $\tilde{\sigma}_A\tilde{\sigma}_B\tilde{\sigma}_C\tilde{\sigma}_D = -1$ は高いエネルギー a を持つ．最低エネルギー状態（基底状態）を探す限りにおいては後者は除外される．このようにして，付加項を持つハミルトニアン

$$H = -\sum_k J_k\tilde{\sigma}_k - a\sum \tilde{\sigma}_A\tilde{\sigma}_B\tilde{\sigma}_C\tilde{\sigma}_D \tag{2.12}$$

の基底状態を探せばよいことがわかった．ここに現れる4体相互作用項は隣接しているイジングスピン間にのみ存在するから，離れた場所の間の相互作用を近接相互作用で書き換えることができた．4体相互作用は前節の方法で2体に落とすことができる．

　残る問題は，新たに導入されたパラメータ a をどうとるかである．これについては厳密な理論はない．原理的には正であればどんな値でもよいはずだが，現実に計算を実行する際の効率（正解が得られる確率など）は a の値に依存する．小さすぎると制約条件から外れた状態に行き着きやすいし，大きすぎると制約条件は満たすが本来のコスト関数の最小値にはなかなか行き着きにくくなる．具体的な問題に応じてほどほどの値に決めているのが実情であるが，一定の指針は与えられている [26]．

　以上の方法は LDPC 符号と呼ばれる古典情報の誤り訂正符号と関係があり，その観点からの理論解析が行われている [12, 13]．

　以上の方法以外にもデバイスの制約を満たすように元のイジング模型を書き換える方法がいろいろと知られている．現実に D-Wave マシンに問題を載せる

ときにしばしば用いられているのが埋め込みの手法である．例えば，あるスピンが隣り合う 4 個のスピンと相互作用しているのに，デバイス上では相互作用の相手が 3 個に限られているとしよう．このとき，図 2.6 のように余分なスピンを導入することによりハード的には相互作用の相手が 3 個に限られていても，実質的に 4 個の相手と相互作用している状況を表現できる．ただし，図のスピン i_1 と i_2 の間および j_1 と j_2 の間に強い強磁性的な相互作用 $-J\sigma_{i_1}\sigma_{i_2}, -J\sigma_{j_1}\sigma_{j_2}$ を導入して，これら 2 つのスピン対が同じ状態になって，それぞれ元の 1 つのスピンを表すように強制しなければならない．

　埋め込みの手法は文献 [14] で提案され，多数の隣接スピン対だけでなく長距離相互作用なども表すために実際の D-Wave マシン上の計算で頻繁に使われている．長距離相互作用を表すには，隣り合うスピンを強い強磁性的相互作用でつないだ鎖を 1 つのスピンとするとよい．例えば，図 2.7 のように計算に使う 1 つのスピン（論理量子ビット）を多数のスピン（物理量子ビット）の強磁性的結合で表すと，すべてのスピン（論理量子ビット）同士が相互作用している状況を実現できる．

　効率のよい埋め込みの方法の開発も重要な研究分野になっており，これまでに挙げた以外にもいろいろな方法が提案されている [15–18].

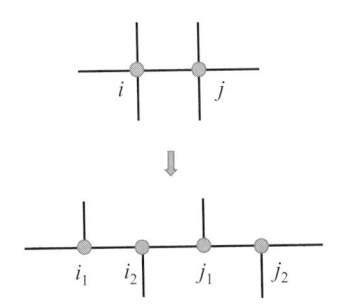

図 **2.6**　i_1 と i_2 の間，j_1 と j_2 の間に強い強磁性的相互作用を導入すれば，これらは実質的に 1 つのスピンとして同じ状態をとる．こうして，相互作用している相手の数が 4 つあるとき，余分なスピンを導入することで相手の数が 3 つしかないデバイス上でも表現できるようになる．

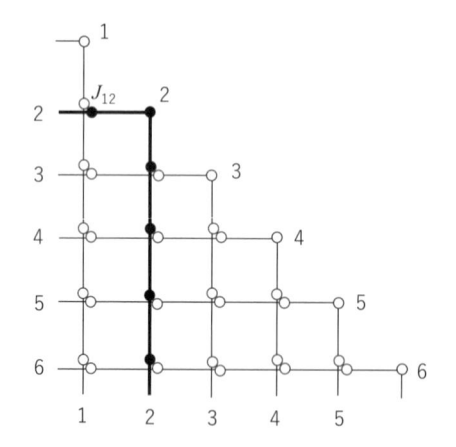

図 **2.7**　例えば 2 番のスピン（論理量子ビット）は黒丸で記された 6 個のスピン（物理量子ビット）を強磁性相互作用（太線で記載）で結合して同じ状態を保つようにされた組で表される．1 番から 6 番の他の論理量子ビットも同様に 6 個の物理量子ビットの強磁性的な結合で表される．スピン 1 とスピン 2 の相互作用 J_{12} は，これらを表す物理量子ビットが近接する場所で導入する．このようにして，近接した物理量子ビットの間の相互作用のみですべての論理量子ビットの間の相互作用が実現できる．

2.6　組み合わせ最適化問題の例

　組み合わせ最適化問題がどのようにしてイジング模型で表されるのか，典型的な例をいくつか見てみよう．

2.6.1　巡回セールスマン問題

　決められた地点をすべて 1 度ずつ訪れて元の地点に戻ってくるための最短経路を探すのが巡回セールスマン問題である．何ら工夫をせずにすべての可能性を総当たりで調べていく単純な方法だと，とんでもない計算量になる．たとえば，図 2.8 の点 A から出発するとき，次の地点の選び方としては B, C, D, E の 4 つの可能性がある．B を選んだら次は 3 通り，その次は 2 通り，という具合で全部で $4 \times 3 \times 2 \times 1 = 24$ 通りになる．一般に，N 個の地点だと $(N-1)(N-2) \times \cdots \times 2 \times 1 = (N-1)!$ 通りである．N の階乗は N の増大と

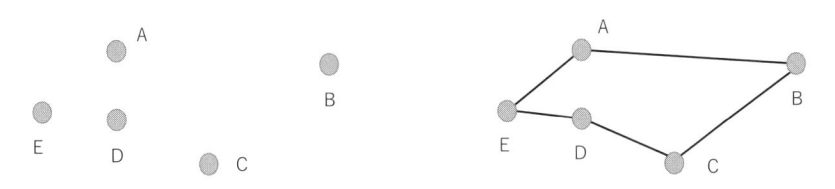

図 2.8　5 都市の巡回セールスマン問題の例. 左側の図で A から E までの点を結ぶ最短
経路を探す問題. 右側の図がその解答.

ともに急速に大きくなるので，N が増えると総当たりはとても実行できなくな
る. 巡回セールスマン問題は NP 困難問題と呼ばれる難しい問題のクラスに属
することが知られている.

巡回セールスマン問題をイジング模型で表すためには，$N \times N\, (= 5 \times 5)$ の表
を作り，横方向には地点の名前，縦方向には何番目に訪れるかを割り当てる.

	A	B	C	D	E
1 番目	1	0	0	0	0
2 番目	0	0	1	0	0
3 番目	0	1	0	0	0
4 番目	0	0	0	1	0
5 番目	0	0	0	0	1
1 番目	1	0	0	0	0

そして，該当する箇所に 1 を入れ，それ以外には 0 を入れる. 上の表の例は
A → C → B → D → E → A という経路を表している. 式の上では，表の各箇
所に 0 か 1 をとる 2 値変数 $q_{\alpha i}$ を割り当てて経路を表現する. α は地点名 (A,
B, C, ...) を，i は巡る順番 (1, 2, 3, ...) を表している. 地点 α と β の間の距離
$d_{\alpha\beta}$ が与えられているとすると，全経路長 L は

$$L = \sum_{\alpha,\,\beta} \sum_{i=1}^{N} d_{\alpha\beta} q_{\alpha i} q_{\beta,i+1} \tag{2.13}$$

で表すことができる. $q_{\alpha i}$ は 0 か 1 なので，$q_{\alpha i}$ と $q_{\beta,i+1}$ が両方とも 1 のときだ
け $d_{\alpha\beta}$ が経路長 L に加算される.

経路長 L を最小にするように各 $q_{\alpha i}$ の値を 0 か 1 に選ぶのだが，各地点は 1

度しか訪れないし（上の表で各列に 1 は 1 つだけ），各時点で訪れる地点は 1 つ
だけ（上の表で各行に 1 は 1 つだけ）という制約を満たすように $\{q_{\alpha i}\}$ の値を
選ぶ必要がある．前者は各 α で $\left(\sum_i q_{\alpha i}-1\right)^2$ が 0 になるという条件式，後者
は各 i で $\left(\sum_\alpha q_{\alpha i}-1\right)^2$ が 0 になるという条件式で表される．こうして，目的
関数全体 H が次のように表される．

$$H = \sum_{\alpha,\beta}\sum_i d_{\alpha\beta}q_{\alpha i}q_{\beta,i+1} + a\sum_\alpha\left(\sum_i q_{\alpha i}-1\right)^2 + b\sum_i\left(\sum_\alpha q_{\alpha i}-1\right)^2 \quad (2.14)$$

ここで a, b は正の定数であり，最適解を探す際に各制約条件をどれだけ強く課
すかを決める．非常に大きければ制約条件を満たす解のみの空間で探索がされ
るが，一番重要な上式の右辺第 1 項（経路長）が制約条件に比べて小さいので
なかなか正解に行き着きにくくなる．かと言って a や b があまり小さいと，経
路として意味をなさない状態を拾ってくる可能性が高く信頼性に欠ける．これ
らのパラメータの値は実際には経験的に定めているが，一定の指針は与えられ
ている [26].

　0, 1 の値をとる 2 値変数 $q_{\alpha i}$ を ± 1 のイジング変数で置き換えれば，目的関
数 H がイジング模型のハミルトニアンになる．こうして得られたイジング模型
に横磁場項を付け加えてその強さを時間とともに制御することで，量子アニー
リングを実行することができる．

2.6.2　分割問題

　自然数の集合 $\{n_1, n_2, \ldots, n_N\}$ が与えられたとき，その要素を 2 つの組 A，
B に分けて，それぞれの組の中の数の和 S_A と S_B が等しくなる $(S_A = S_B)$ よ
うにできるかというのが分割問題である．少し条件を緩めて $S_A - S_B$ ができる
だけ 0 に近くなる分け方を求めよという問題も考えられる．例えば $\{3, 5, 8\}$ な
ら，A= $\{3, 5\}$ と B= $\{8\}$ とすればよい．分割問題は N が大きくなると解くの
が大変難しくなる．NP 完全という問題のクラスに属することが知られている．
実用的にも，いろいろな問題が分割問題あるいはその変形版と見ることができ
る．例えば，スポーツ選手を 2 つの組に分けて，過去の成績（野球なら平均打
率など）が 2 つの組でできるだけ近くなるようにして対戦させたいというよう

な場合である.

分割問題をイジング模型で表そう. 集合の要素 n_i が A 組に属するとき $\sigma_i = 1$, B 組に属するとき $\sigma_i = -1$ とする. A 組の要素の和から B 組の要素の和を引いた量 $\sum_{i \in A} n_i - \sum_{i \in B} n_i$ は $\sum_i \sigma_i n_i$ であり, これを 0 にしたい. こうしてハミルトニアン

$$H = \left(\sum_{i=1}^{N} n_i \sigma_i \right)^2 = \sum_{i,j=1}^{N} n_i n_j \sigma_i \sigma_j \tag{2.15}$$

が 0 になるイジング変数の組 $\{\sigma_i\}$ が存在するかという問題になった. n_i はいずれの i についても正の整数だから, 上のハミルトニアンは正の相互作用係数 $n_i n_j$ を持ち, かつ, すべてのサイトの間に相互作用が存在する無限レンジ反強磁性イジング模型である. 2.2 節で説明したように, このような系はフラストレーションのために基底状態の探索は難しい.

2.6.3 充足可能問題

充足可能問題 (SAT, Satisfiability problem) は情報科学で最も基本的な問題のひとつとして知られている. 簡単のため 3-SAT と呼ばれる例で説明するが, 一般の k-SAT でも同様である.

2 つの値 $0, 1$ をとる論理変数が N 個ある. $\{x_1, x_2, \ldots, x_N\}$ とする. それらの否定 (0 を 1, 1 を 0 にしたもの) を $\{\overline{x}_1, \overline{x}_2, \ldots, \overline{x}_N\}$ とする. これら $2N$ 個の変数から 3 つを選んできて y_{i1}, y_{i2}, y_{i3} とし, これらの論理和で節と呼ばれる次の量を構成する.

$$C_i = y_{i1} \vee y_{i2} \vee y_{i3} \tag{2.16}$$

C_i は y_{i1}, y_{i2}, y_{i3} のうち 1 つでも 1 なら 1 であり, すべて 0 のときに限って 0 である. このような節を m 個作ってそれらの論理積

$$\Psi = C_1 \wedge C_2 \wedge C_3 \wedge \cdots \wedge C_m \tag{2.17}$$

を作る. Ψ はすべての C_i が 1 のときに限って 1 になる. このとき, Ψ が 1 になるような $\{x_i\}$ の値の選び方があるかという問題が 3-SAT である. C_i が 3 つの変数で構成されているので 3-SAT である.

3-SAT をイジング模型で表すために，$y_i = 1$ を $\sigma_i = 1$ に，$y_i = 0$ を $\sigma_i = -1$ に対応させる．このとき，例えば y_1, y_2, y_3 から成る節 C_{123} は

$$C_{123} = 1 - \frac{1}{8}(1 - \sigma_1)(1 - \sigma_2)(1 - \sigma_3) \tag{2.18}$$

と表される．すべての σ_i が -1 のときだけ C_{123} は 0 になり，それ以外では $C_{123} = 1$ である．元の y_i に 1 つでも 1 があれば節が 1 になるという論理和に対応している．

y_1, y_2, y_3 は $\{x_i\}$ とその否定の集合 $\{\bar{x}_i\}$ からとってきているので，後者のような否定の可能性を考慮して

$$C_{123} = 1 - \frac{1}{8}(1 - \epsilon_1\sigma_1)(1 - \epsilon_2\sigma_2)(1 - \epsilon_3\sigma_3) \tag{2.19}$$

としておくとよい．ϵ_i は ± 1 のいずれかをとる変数であり，元の論理変数の否定が $\epsilon_i = -1$ に対応する．このとき，すべての節の論理積 Ψ に対応するハミルトニアンは

$$H = -\sum_{i=1}^{m} \left(1 - \frac{1}{8}(1 - \epsilon_{i_1}\sigma_{i_1})(1 - \epsilon_{i_2}\sigma_{i_2})(1 - \epsilon_{i_3}\sigma_{i_3}) \right) \tag{2.20}$$

となる．和を構成する項のすべてが 1 のときだけ全エネルギー（ハミルトニアンの値）H が最低値 $-m$ になる．よって問題は，$\{i_1, i_2, i_3\}$ と $\{\epsilon_{i_1}, \epsilon_{i_2}, \epsilon_{i_3}\}$ が与えられたとき，基底エネルギー $-m$ を実現するスピン配位 $\{\sigma_i\}$ が存在するかどうかということになる．

N 個のイジングスピン $\{\sigma_1, \sigma_2, \ldots\}$ からランダムに k 個選び，否定を表す変数 $\{\epsilon_{i1}, \epsilon_{i2}, \ldots\}$ にもランダムに ± 1 を割り当てたときの k-SAT をランダム k-SAT という．変数の数 N に対して制約数 m が大きくなると問題はどんどん難しくなる．N が十分大きいとき m も N に比例して大きくしていくとしよう．このとき $\alpha = m/N$ が一定の値 α_c で相転移（急激な状態の変化）が起きて，$\alpha < \alpha_c$ では制約を満たす解が確率 1 で存在するが，$\alpha > \alpha_c$ では存在しなくなることが知られている．2-SAT では $\alpha_c = 1$，3-SAT では $\alpha_c = 4.26$ であることがわかっている．これらの結果は，ランダム k-SAT にスピングラスの理論で開発された手法を適用することによって得られている．詳しくは文献 [19] を参

照のこと.

2.6.4 クラスタリング

　クラスタリングは，たくさんのデータをいくつかの組に分ける問題である.
遺伝子発現の分類 [20–23] や消費者の分類 [24,25] などの実用上重要な問題がク
ラスタリングとして定式化される.

　2 つの組に分ける場合を考えよう. 図 2.9 のようなデータが与えられたとき，
異なる組に属する点の間の距離ができるだけ大きくなるように分けるのがひと
つの自然なやり方である.

図 2.9　多くのデータ点を 2 つの組に分けるクラスタリング問題の例.

　イジング模型として定式化しよう. N 個の点 $i = 1, 2, \ldots, N$ と，任意の 2 点
間の距離 d_{ij} が与えられているとする. これらの点を 2 つの組 A, B に分けて，
異なる組に属する点の間の距離の合計をできるだけ大きくせよという問題であ
る. i が組 A に，j が組 B に属する点を表すとすると，距離の合計は

$$D = \sum_{i \in A} \sum_{j \in B} d_{ij} \qquad (2.21)$$

である. これを最大にするように $\{i\}_A$ と $\{j\}_B$ を選びたい. 点 i が A に属する
とき $\sigma_i = 1$, B だと $\sigma_i = -1$ とするとき，D を

$$D = \frac{1}{2} \sum_{i \neq j=1}^{N} d_{ij}(1 - \sigma_i \sigma_j) \qquad (2.22)$$

と表すと，同じ組に属するペア (i, j) は自動的に除外されるので都合がよい．$\frac{1}{2}(1 - \sigma_i \sigma_j)$ は $\sigma_i = -\sigma_j$（異なる組）のときには 1，$\sigma_i = \sigma_j$（同じ組）のときには 0 になるからである．よって，イジング模型のハミルトニアン

$$H = -D = -\frac{1}{2} \sum_{i \neq j} d_{ij}(1 - \sigma_i \sigma_j) \qquad (2.23)$$

の基底状態を求めるという問題に帰着された．このハミルトニアンにおいても，相互作用の係数は $d_{ij} > 0$ と反強磁性的なのでフラストレーションが存在し，基底状態の探索は難しい．クラスタリングについても量子アニーリングを用いた研究が始まっている [26].

第3章　2状態系の量子力学

量子アニーリングをきちんと理解するには，量子力学について基本的なことを知っておく必要がある．量子力学になじみのない読者のために，量子アニーリングに関わってくる2状態系の量子力学について最低限の知識をまとめておこう．哲学的な解釈に踏み込むと大変難しくなってしまうが，実験的な事実とそれを表現する2行2列の行列の性質を理解するのは比較的容易である．

3.1　2つの状態が同時に実現するということ

量子アニーリングは，明確に異なる2つの状態を同時に重ね合わせて実現できる量子力学の原理に基づいて設計されている．直観的にはなかなかわかりにくいが，実験的な意味や数学的な定式化は比較的単純である．まず，実験的な意味について解説しよう．

まず，基本になる単位は量子ビットである．量子ビットを作る方法はいくつか知られているが，現時点で実用に最も近い位置にあるのは超伝導状態にある金属の回路である．

ある種の金属を極低温にすると，電流が抵抗なしに流れる超伝導状態になる．例えばニオブという金属で極めて小さいリング（閉じた回路）を作って条件をうまく整えると超伝導状態になって，右回り（時計回り）の電流と左回り（反時計回り）の電流が同時に存在するようになる．右回りの電流をイジングスピンの上向き (値 $+1$) に，左回りを下向き (値 -1) に対応させると，± 1 の2つの状態が回路中に同時に存在する．

右回りと左回りの電流が同時に存在すると打ち消し合って 0 になると思うか

もしれないが，そうではない．電流が実際にどちらの向きに流れているかは測定をするとわかる．きちんと整えた条件下で繰り返し測定を行うと，例えば 1 万回のうちほぼ 5 千回は右回り，残りのおよそ 5 千回は左回りという結果になる．電流は確かに流れているが，どちらに流れているかは実験をしてみるまでわからない．これが，2 つの状態が同時に存在するという量子力学的な重ね合わせの実験的な意味である．強調しておくが，こうなるかもしれないという仮想的な話をしているのではなく，数多くの実験によって確認され完全に確立している事実である．不思議で受け入れがたいように思えるだろうが，事実として受け入れる以外に選択の余地はない [1]．

3.2　重ね合わせの行列表現

　前節の実験の状況を数学的に表すには，2 行 2 列の行列と 2 成分のベクトルの線形代数を用いる．

　右回り (スピン値 1) と左回り (スピン値 −1) の 2 つの状態を 2 成分のベクトル

$$
\begin{pmatrix} 1 \\ 0 \end{pmatrix}, \quad \begin{pmatrix} 0 \\ 1 \end{pmatrix} \tag{3.1}
$$

にそれぞれ対応させる．パウリ行列の z 成分と呼ばれる 2 行 2 列の行列 [2]

$$
\hat{\sigma}^z := \begin{pmatrix} 1 & 0 \\ 0 & -1 \end{pmatrix} \tag{3.2}
$$

を上記の 2 つのベクトルに作用させると

$$
\begin{pmatrix} 1 & 0 \\ 0 & -1 \end{pmatrix} \begin{pmatrix} 1 \\ 0 \end{pmatrix} = \begin{pmatrix} 1 \\ 0 \end{pmatrix}, \quad \begin{pmatrix} 1 & 0 \\ 0 & -1 \end{pmatrix} \begin{pmatrix} 0 \\ 1 \end{pmatrix} = -\begin{pmatrix} 0 \\ 1 \end{pmatrix} \tag{3.3}
$$

---

[1] 箱の中の猫が生きた状態と死んだ状態の重ね合わせになっているという有名な「シュレディンガーの猫」の話とは状況が違う．量子力学の効果が顕著に表れるごく小さな世界（微小リング）の現象の話をしている．

[2] 本書では，行列や演算子を表す記号は普通の数と区別するために上にハットを付けて例えば $\hat{A}$ のように表す．

となるから，$\begin{pmatrix} 1 \\ 0 \end{pmatrix}$ は $\hat{\sigma}^z$ の固有値 1 の固有ベクトル，$\begin{pmatrix} 0 \\ 1 \end{pmatrix}$ は固有値 -1 の固有ベクトルである．そこで，前者を上向きスピン $+1$，後者を下向きスピン -1 に対応させると都合がよい．

$\begin{pmatrix} 1 \\ 0 \end{pmatrix}$ と $\begin{pmatrix} 0 \\ 1 \end{pmatrix}$ の規格化された線形結合

$$\frac{1}{\sqrt{|a|^2 + |b|^2}} \left(a \begin{pmatrix} 1 \\ 0 \end{pmatrix} + b \begin{pmatrix} 0 \\ 1 \end{pmatrix} \right) = \frac{1}{\sqrt{|a|^2 + |b|^2}} \begin{pmatrix} a \\ b \end{pmatrix} \tag{3.4}$$

を作ると，これが上向きスピン（右回り電流）と下向きスピン（左回り電流）が同時に存在する量子力学的重ね合わせを表現していると解釈できる．各係数の絶対値の 2 乗

$$\frac{|a|^2}{|a|^2 + |b|^2}, \quad \frac{|b|^2}{|a|^2 + |b|^2} \tag{3.5}$$

が実際に測定したときに上向きあるいは下向きが現れる確率に相当する．これらの和は 1 であり確率の条件が満たされている[3]．前節の例のように 2 つの可能性が五分五分の状態は $a = b = 1$，つまり

$$\frac{1}{\sqrt{2}} \begin{pmatrix} 1 \\ 1 \end{pmatrix} \tag{3.6}$$

で表される．

<h2>3.3　状態の入れ替えの行列表現</h2>

　2 つの状態がただ重なり合っているだけでは計算のために使うことができない．上向き $+1$ と下向き -1 が適宜入れ替わるような仕組みを作って最適な状態を探っていくようにしなければならない．そこで，超伝導回路にもうひとつ小さな超伝導回路を挟み込んで，超伝導電流が反転できるように仕組んでおく．

---

[3] 係数の絶対値の 2 乗をとって初めて確率としての資格が生じる．

数式の上では，パウリ行列の x 成分と呼ばれる行列

$$\hat{\sigma}^x := \begin{pmatrix} 0 & 1 \\ 1 & 0 \end{pmatrix} \tag{3.7}$$

を $\begin{pmatrix} 1 \\ 0 \end{pmatrix}$ と $\begin{pmatrix} 0 \\ 1 \end{pmatrix}$ に作用させると

$$\begin{pmatrix} 0 & 1 \\ 1 & 0 \end{pmatrix} \begin{pmatrix} 1 \\ 0 \end{pmatrix} = \begin{pmatrix} 0 \\ 1 \end{pmatrix}, \quad \begin{pmatrix} 0 & 1 \\ 1 & 0 \end{pmatrix} \begin{pmatrix} 0 \\ 1 \end{pmatrix} = \begin{pmatrix} 1 \\ 0 \end{pmatrix} \tag{3.8}$$

となるので，スピンの向きを反転させる作用を表していることがわかる．

$\hat{\sigma}^x$ の固有ベクトルは

$$\begin{pmatrix} 0 & 1 \\ 1 & 0 \end{pmatrix} \begin{pmatrix} 1 \\ 1 \end{pmatrix} = \begin{pmatrix} 1 \\ 1 \end{pmatrix}, \quad \begin{pmatrix} 0 & 1 \\ 1 & 0 \end{pmatrix} \begin{pmatrix} 1 \\ -1 \end{pmatrix} = - \begin{pmatrix} 1 \\ -1 \end{pmatrix} \tag{3.9}$$

の2つである．これらはいずれも $\begin{pmatrix} 1 \\ 0 \end{pmatrix}$ と $\begin{pmatrix} 0 \\ 1 \end{pmatrix}$ を同じ絶対値を持つ係数（1と1あるいは1と −1）で加えたものだから，上向きと下向きが等確率で重ね合わされた状態を表している．

以上が，2つの状態の量子力学的重ね合わせの数学的表現のすべてである．

3.4　ブラケットによる表記の簡略化

量子力学独特の記号（ディラックのブラケット）を導入して，式を簡単に表す方法を見てみよう．

$\begin{pmatrix} 1 \\ 0 \end{pmatrix}$ は上向きスピンを表しているから $|\uparrow\rangle$，$\begin{pmatrix} 0 \\ 1 \end{pmatrix}$ は下向きスピンを表しているから $|\downarrow\rangle$ と書くことにすれば，式 (3.3) は簡潔に

$$\hat{\sigma}^z |\uparrow\rangle = |\uparrow\rangle, \quad \hat{\sigma}^z |\downarrow\rangle = -|\downarrow\rangle \tag{3.10}$$

と書ける．式 (3.6) は

$$\frac{a}{\sqrt{|a|^2 + |b|^2}} |\uparrow\rangle + \frac{b}{\sqrt{|a|^2 + |b|^2}} |\downarrow\rangle \tag{3.11}$$

である．$\hat{\sigma}^x$ の規格化された固有ベクトルを $|+\rangle$, $|-\rangle$ と書けば，式 (3.9) より

$$|+\rangle = \frac{1}{\sqrt{2}} (|\uparrow\rangle + |\downarrow\rangle), \quad |-\rangle = \frac{1}{\sqrt{2}} (|\uparrow\rangle - |\downarrow\rangle) \tag{3.12}$$

と表される．

　左に縦線 "$|$", 右に "$\rangle$" で状態を表す記号を囲んだ $|\uparrow\rangle$ といった記号はケット（あるいはケットベクトル）と呼ばれる．ケットというのは，かっこを意味するブラケットの後半だけをとった用語で，量子力学の創始者の 1 人のディラックによる命名である．左半分をとった $\langle\uparrow|$ はブラケットの前半をとってブラと呼ばれる．線形代数の用語でいえば，$\langle\uparrow|$ は $|\uparrow\rangle$ を転置して複素共役をとった横ベクトルである．ブラケット記号の利点のひとつは内積の表記が簡単になる点にある．たとえば，規格化されたベクトル $|\uparrow\rangle$ のそれ自身との内積は

$$\langle\uparrow|\uparrow\rangle = 1 \tag{3.13}$$

と書くことができる．一般に 2 つの状態ベクトル $|a\rangle$ と $|b\rangle$ の内積は $\langle a|b\rangle$ である．

3.5　シュレディンガー方程式

　量子力学的な重ね合わせ状態の数学的記述はできたが，重ね合わされた状態が時間とともにどう変化するかを明らかにする枠組みがなければ，物理としては未完成である．それに対する答えがシュレディンガー方程式である．

　伝統的な量子力学の教科書では，シュレディンガー方程式の導出のような話が最初の方に書いてあることが多い．この部分がなかなかしっくりこなくて，つまづいた読者も少なくないだろう．結論から言ってしまえば，シュレディンガー方程式は導出するものではなく，微小な（ミクロな）世界の物質の様子を

記述するための出発点としての基本的な原理である．ニュートン力学（古典力学）における運動方程式 $F = ma$ と類似の位置づけである．何よりも，シュレディンガー方程式の解がミクロな世界に関するあらゆる実験をきちんと説明できるので，自然科学・実験科学である物理学としてはその正当性を疑う余地はない．

　言い訳はこのくらいにして，前節までで説明した2つの状態をとる1スピン系についてシュレディンガー方程式を書こう．

$$ih\frac{\partial\psi}{\partial t} = \hat{H}\psi \tag{3.14}$$

ここで $\hbar$（エイチバー）はプランク定数と呼ばれる定数，t は時間，ψ は上向きスピンと下向きスピンの線形結合

$$\psi = a|\uparrow\rangle + b|\downarrow\rangle \tag{3.15}$$

である[4]．$\hat{H}$ はハミルトニアン，すなわち $\hat{\sigma}^z$ と $\hat{\sigma}^x$ の線形結合の行列

$$\hat{H} = -h\hat{\sigma}^z - \Gamma\hat{\sigma}^x \tag{3.16}$$

である．あらわには書いていないが，a, b, h, Γ は一般には時間依存性を持つ．$\hbar$ はエネルギーと時間の積に相当する単位を持っており，これらの物理量の単位のとり方によってその値が決まってくるが，理論的な取り扱いをするときには式を簡潔にするために1にしてしまうことが多い．本書もその流儀で話を進める[5]．

　シュレディンガー方程式 (3.14) は h と Γ の時間依存性が具体的に与えられたとき，状態の結合係数 a, b の時間依存性を決める連立方程式になる．式 (3.14) に式 (3.15) と式 (3.16) を入れて，左から $\langle\uparrow|$ と $\langle\downarrow|$ をかけて内積をとり，直交規格化関係[6] を使うと次式が得られる．

$$i\frac{da}{dt} = -ha - \Gamma b \tag{3.17a}$$

---

[4] ψ も状態を表すベクトルなので $|\psi\rangle$ と書くことがある．
[5] $\hbar$ と式 (3.16) の h はまったく関係ないので混乱しないように．
[6] $\langle\uparrow|\uparrow\rangle = 1$, $\langle\uparrow|\downarrow\rangle = 0$ など．

$$i\frac{db}{dt} = -\Gamma a + hb \tag{3.17b}$$

これを解けば，上向きスピン状態と下向きスピン状態の確率が時間とともにどう変化するかがわかる．

ハミルトニアン $\hat{H}$ が時間に依存しないときには，シュレディンガー方程式は少し簡単になる．ψ_0 を時間に依存しない 2 成分ベクトルとして，

$$\psi = \psi_0\, e^{-iEt} \tag{3.18}$$

とおくと，式 (3.14) は

$$\hat{H}\psi_0 = E\psi_0 \tag{3.19}$$

となる．定常状態のシュレディンガー方程式と呼ばれる．単にシュレディンガー方程式といったときはこれを指すことが多い．式 (3.19) は 2 行 2 列の行列 $\hat{H}$ の固有値問題を表している．固有値 E は物理的には系のエネルギーである．2 行 2 列の対称行列だから，実固有値が 2 つある．つまり，この系は安定な（時間に依存しない）エネルギー値を 2 つとりうる．

状態を表すベクトル（$\psi, |\!\uparrow\rangle$ など）は，位置が連続的に変化できる質点の量子力学からの伝統で波動関数と呼ばれることがある．

3.6 　複数のスピンがあるとき

スピンの数が増えても表記の仕方はほとんど同じである．例えば，スピン 1 が上向き $|\!\uparrow\rangle_1$，スピン 2 が下向き $|\!\downarrow\rangle_2$ なら合わせて $|\!\uparrow\rangle_1 \otimes |\!\downarrow\rangle_2$ である．$\otimes$ はテンソル積と呼ばれるが名前を気にする必要はない．単なる数の積（例えば 3×5）ではないというくらいの理解でよい．次のような省略した書き方がよく使われる．

$$|\!\uparrow\rangle_1 \otimes |\!\downarrow\rangle_2 = |\!\uparrow\rangle_1 |\!\downarrow\rangle_2 = |\!\uparrow_1\downarrow_2\rangle = |\!\uparrow\downarrow\rangle \tag{3.20}$$

これらに対しては，$\hat{\sigma}_1^x$ や $\hat{\sigma}_1^z$ は $|\!\uparrow\rangle_1$ にのみ，σ_2^x や σ_2^z は $|\!\uparrow\rangle_2$ にのみ作用する．つまり $\hat{\sigma}_1^x$ は $\hat{\sigma}_1^x \otimes \mathbb{1}_2$ の意味である．例えば

$$\hat{\sigma}_1^z |\uparrow\downarrow\rangle = \hat{\sigma}_1^z \otimes \mathbb{1}_2 |\uparrow\downarrow\rangle = |\uparrow\downarrow\rangle \tag{3.21}$$

$$\hat{\sigma}_2^z |\uparrow\downarrow\rangle = \mathbb{1}_1 \otimes \hat{\sigma}_2^z |\uparrow\downarrow\rangle = -|\uparrow\downarrow\rangle \tag{3.22}$$

である．異なるスピンに作用する複数のパウリ行列の積であっても同様である．
例えば

$$\hat{\sigma}_1^z \hat{\sigma}_2^z |\uparrow\downarrow\rangle = -|\uparrow\downarrow\rangle \tag{3.23}$$

$$\hat{\sigma}_1^z \hat{\sigma}_2^z |\downarrow\downarrow\rangle = (-1)^2 |\downarrow\downarrow\rangle = |\downarrow\downarrow\rangle \tag{3.24}$$

$$\hat{\sigma}_1^x \hat{\sigma}_2^z |\uparrow\downarrow\rangle = -|\downarrow\downarrow\rangle \tag{3.25}$$

などとなる．

　以上のとおり，スピン数が増えても個々の行列やベクトルの性質は同じであ
る．ただし，それらが作用ないし存在する空間（ヒルベルト空間）の次元は大
きくなる．2 スピンがあれば状態は 4 つで 4 次元 ($|\uparrow\uparrow\rangle, |\uparrow\downarrow\rangle, |\downarrow\uparrow\rangle, |\downarrow\downarrow\rangle$)，3 ス
ピンなら 8 次元となり，一般に N スピンでは 2^N 次元になる．

第4章

横磁場イジング模型と量子相転移

いよいよ量子アニーリングの具体的な定式化に入っていこう．量子アニーリングの基本は，イジング模型に量子力学的な探索を行う項を付け加えた横磁場イジング模型である．横磁場の強さを制御して最適化問題の解を探すのだが，ほとんどの場合，その途中で相転移と呼ばれる現象が起きて探索のボトルネックとなる．そこで，相転移の性質を解明することが重要な課題となる．本章ではこうした理論的枠組みの概略を説明する．

4.1 横磁場イジング模型と量子アニーリング

イジング模型の基底状態を量子効果を使って求める方法が量子アニーリングである．そのために，イジングスピン $\sigma_i \, (=\pm 1)$ をパウリ行列の z 成分 $\hat{\sigma}_i^z$ で置き換えるとともに，固有値 ± 1 を持つパウリ行列の x 成分 $\hat{\sigma}_i^x$ の和に比例する項をハミルトニアンに付け加える．後者は状態間の遷移を引き起こし最適解の探索を主導する．横磁場イジング模型のハミルトニアンを書くと次のとおりである．

$$\hat{H} = -\sum_{i<j} J_{ij} \hat{\sigma}_i^z \hat{\sigma}_j^z - \Gamma \sum_{i=1}^{N} \hat{\sigma}_i^x =: \hat{H}_0 - \Gamma \sum_{i=1}^{N} \hat{\sigma}_i^x \tag{4.1}$$

サイト i に作用するパウリ行列は他のサイトには作用しない．丁寧に書けば

$$\hat{\sigma}_i^z = \mathbb{1}_1 \otimes \mathbb{1}_2 \otimes \cdots \otimes \begin{pmatrix} 1 & 0 \\ 0 & -1 \end{pmatrix}_i \otimes \cdots \otimes \mathbb{1}_N, \tag{4.2}$$

$$\hat{\sigma}_i^x = \mathbb{1}_1 \otimes \mathbb{1}_2 \otimes \cdots \otimes \begin{pmatrix} 0 & 1 \\ 1 & 0 \end{pmatrix}_i \otimes \cdots \otimes \mathbb{1}_N \tag{4.3}$$

である．$\hat{H}_0$ は元の組み合わせ最適化問題のコスト関数を表すイジング模型である．z 方向を縦とすると x 方向は横なので，式 (4.1) で Γ がかかった項は横磁場項と呼ばれており，元々の物理としては x 方向に外から磁場をかけたときのスピン系のエネルギー（ゼーマンエネルギー）を表している．

　さて，量子アニーリングは Γ が非常に大きくて第 2 項に比べて第 1 項は無視できるような初期設定から開始する．すなわち，$t = 0$ においてはハミルトニアンは横磁場項のみから成る．

$$\hat{H} = -\Gamma \sum_{i=1}^{N} \hat{\sigma}_i^x \tag{4.4}$$

横磁場項だけのハミルトニアンの基底状態を $|\Psi_0\rangle$ と書けば，これは各サイト i での $\hat{\sigma}_i^x$ の固有値 1 の固有状態 $\hat{\sigma}_i^x |+\rangle_i = |+\rangle_i = (|\uparrow\rangle_i + |\downarrow\rangle_i)/\sqrt{2}$ の積

$$|\Psi_0\rangle = \prod_{i=1}^{N} |+\rangle_i = \left(\frac{1}{2}\right)^{N/2} \prod_{i=1}^{N} \left(|\uparrow\rangle_i + |\downarrow\rangle_i\right) \tag{4.5}$$

である．前章で説明したとおり $|\uparrow\rangle_i$ と $|\downarrow\rangle_i$ はそれぞれ，$\hat{\sigma}_i^z$ の ± 1 の固有状態を表す．復習のため行列であらわに書いておこう．サイトのインデックス i は簡単のため省略して

$$\hat{\sigma}^z |\uparrow\rangle = \begin{pmatrix} 1 & 0 \\ 0 & -1 \end{pmatrix} \begin{pmatrix} 1 \\ 0 \end{pmatrix} = \begin{pmatrix} 1 \\ 0 \end{pmatrix} = |\uparrow\rangle \tag{4.6}$$

$$\hat{\sigma}^z |\downarrow\rangle = \begin{pmatrix} 1 & 0 \\ 0 & -1 \end{pmatrix} \begin{pmatrix} 0 \\ 1 \end{pmatrix} = -\begin{pmatrix} 0 \\ 1 \end{pmatrix} = -|\downarrow\rangle \tag{4.7}$$

$$|+\rangle = \frac{1}{\sqrt{2}} \begin{pmatrix} 1 \\ 0 \end{pmatrix} + \frac{1}{\sqrt{2}} \begin{pmatrix} 0 \\ 1 \end{pmatrix} = \frac{1}{\sqrt{2}} \begin{pmatrix} 1 \\ 1 \end{pmatrix} \tag{4.8}$$

式 (4.5) の積 $\prod_i$ を展開すると

$$|\Psi_0\rangle = \frac{1}{2^{N/2}} \Big(|\uparrow\uparrow\cdots\uparrow\rangle + |\uparrow\uparrow\cdots\downarrow\rangle + \cdots + |\uparrow\downarrow\cdots\downarrow\rangle + |\downarrow\downarrow\cdots\downarrow\rangle\Big) \tag{4.9}$$

ここで $|\uparrow\uparrow\cdots\uparrow\rangle$ は $|\uparrow\rangle_1 |\uparrow\rangle_2 \cdots |\uparrow\rangle_N$ を表す．他の項も同様である．この表示

から明らかなように，$|\Psi_0\rangle$ においては $|\uparrow\uparrow\cdots\uparrow\rangle$ から $|\downarrow\downarrow\cdots\downarrow\rangle$ まで 2^N 個の状態が同じ係数 $2^{-N/2}$（同じ量子力学的な重み）で重ね合わされ，量子力学の意味で同時に存在している．元のイジング模型のハミルトニアン $\hat{H}_0$ の基底状態はあらかじめわかっていないから，2^N 個のすべての状態の同じ重みの重ね合わせ（同じ確率）を出発点にして探索を始めるのは理にかなっている．

量子アニーリングにおいては，Γ を時間の関数 $\Gamma(t)$ とする．初期時刻 $t = 0$ において Γ を非常に大きな値（理論的には ∞）にとって式 (4.5) の状態 $|\Psi_0\rangle$ を初期状態にする．そして，Γ をゆっくりと減少させていき，系を時間依存のシュレディンガー方程式

$$i\frac{\partial}{\partial t}|\Psi(t)\rangle = \hat{H}(t)|\Psi(t)\rangle \tag{4.10}$$

に従って時間発展させる．というより，時間依存のシュレディンガー方程式は自然の時間発展を記述する方程式だから，$\Gamma(t)$ を動かすと系の状態が式 (4.10) に従って自然に変化していく．このとき，$\Gamma(t)$ の時間変化が十分ゆっくりなら，後述する量子力学の断熱条件により，状態 $|\Psi(t)\rangle$ は各瞬間のハミルトニアンに対する定常状態のシュレディンガー方程式

$$\hat{H}(t)|\Phi_t\rangle = E_0(t)|\Phi_t\rangle \tag{4.11}$$

の基底状態 $|\Phi_t\rangle$ に十分近い．実際の状態 $|\Psi(t)\rangle$（式 (4.10) の解）と定常基底状態 $|\Phi_t\rangle$ がいずれも規格化されているとして，これらの内積が 1 に十分近いということを意味している．

$$|\langle\Phi_t|\Psi(t)\rangle|^2 = 1 - \epsilon \quad (0 < \epsilon \ll 1) \tag{4.12}$$

各瞬間の基底状態をほぼ正確にたどっていくということを示している．そして，t が大きい極限で $\Gamma(t)$ を 0 に持っていく．式 (4.12) が任意の t で成立していれば，$\Gamma(t) \to 0\ (t \to \infty)$ の極限におけるハミルトニアン $\hat{H}_0$ の基底状態（最適化問題の解）に十分近い状態が得られる．こうして，横磁場項 $-\Gamma(t)\sum_i \hat{\sigma}_i^x$ により引き起こされる量子力学的なゆらぎ ($|\uparrow\rangle$ と $|\downarrow\rangle$ の間の入れ替えの可能性) を係数 $\Gamma(t)$ を通じて適切に制御することにより，自明な初期状態 $|\Psi_0\rangle$ から出発して非自明な状態である最適化問題の解に自然に到達する．自然にというの

は，自然の時間変化を記述するシュレディンガー方程式に従ってという意味である．特別なアルゴリズムを開発してそれに沿った操作をすることなく，$\Gamma(t)$ を変化させるだけで自然が自動的に解を探し出してくれる．以上が量子アニーリングの基本的な考え方である．断熱的に（ゆっくりと）各瞬間の定常基底状態を追っていくことから，量子断熱計算と呼ばれることもある [1].

4.2　有限時間での探索

ハミルトニアンに出てくるパラメータの時間依存性を次のように選ぶことも多い．

$$\hat{H}(t) = -A(t)\sum_{i<j} J_{ij}\hat{\sigma}_i^z \hat{\sigma}_j^z - B(t)\sum_{i=1}^{N} \hat{\sigma}_i^x \tag{4.13}$$

$t = 0$ で $A(0) = 0$, $B(0) = 1$ として出発する．横磁場だけがかかった状態

$$\hat{H}(0) = -\sum_{i=1}^{N} \hat{\sigma}_i^x \tag{4.14}$$

である．$t > 0$ で時間の経過とともに $A(t)$ を 1 に向かって増加させ，$B(t)$ を 0 に向かって減少させる．横磁場の係数 $B(t)$ を下げ，イジング模型の係数 $A(t)$ を上げる．そして，あらかじめ決めておいた有限の時間 τ で $A(\tau) = 1$, $B(\tau) = 0$ として横磁場を完全に切って

$$\hat{H}(\tau) = -\sum_{i<j} J_{ij}\hat{\sigma}_i^z \hat{\sigma}_j^z \tag{4.15}$$

として計算を終える．量子アニーリングをハードウェア上で実装した D-Wave マシンではこの方式をとっている．

式 (4.13) は両辺を $A(t)$ で割ると式 (4.1) と似た形になる．

$$\frac{1}{A(t)}\hat{H}(t) = -\sum_{i<j} J_{ij}\hat{\sigma}_i^z \hat{\sigma}_j^z - \frac{B(t)}{A(t)}\sum_i \hat{\sigma}_i^x \tag{4.16}$$

---

[1] 量子アニーリングと量子断熱計算という言葉の間には微妙な違いがある．後者では孤立系（まわりの環境とは切り離された独立した系）での非常にゆっくりした（断熱的な）時間変化が必須だが，前者では必ずしもそうではなく，より広い意味合いを持っている．量子断熱計算という用語は次節のような議論を展開するときによく用いられる．

4.1 節では非常に長い時間（理論的には無限時間）をかけて横磁場を 0 にする状況を想定していたが，本節の定式化では横磁場項の係数 $B(t)/A(t)$ は有限の時間 τ で ∞ から 0 に変化するとする．また，式 (4.16) は式 (4.1) に似ているとはいえ，式 (4.16) の左辺は時間に依存する関数 $1/A(t)$ がかかっているので，時間の意味が違ってくることに注意しなければならない．

式 (4.13) に従って有限の時間で計算を終えるとき，時間変化が十分ゆっくりなら図 4.1 のように系の状態は各瞬間の定常基底状態をたどりながら変化し，$t = 0$ での自明な初期状態の式 (4.5) から，$t = \tau$ での非自明な最終状態（最適化問題の解）に到達とするという見方ができる．この見方は今後の理論的な解析で有用になる．

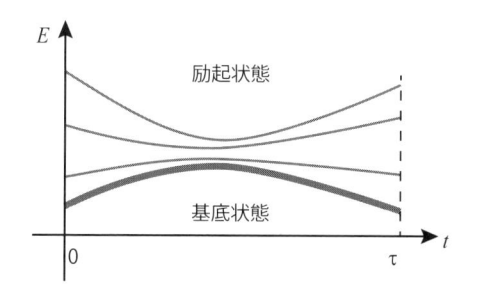

図 **4.1**　各瞬間における定常状態のエネルギー．一番下の太い曲線が基底状態を表している．$t = 0$ の自明な基底状態から出発して十分ゆっくりハミルトニアンのパラメーターを変化させると，各瞬間の基底状態をたどっていって $t = \tau$ で非自明な基底状態にたどり着く．

4.3　横磁場イジング模型の量子相転移

量子アニーリングの初期状態 $|\Psi_0\rangle$ では，式 (4.9) に見るように N 個のスピンがすべて上向きの状態 $|\uparrow\uparrow\cdots\uparrow\rangle$ からすべて下向きの $|\downarrow\downarrow\cdots\downarrow\rangle$ までの 2^N 個の状態が同じ重みで量子力学的に重ね合わされている．たくさんの状態がバラバラに（同じ重みで）存在するという意味で量子常磁性相と呼ばれる．通常の古典的なイジング模型では，温度が十分高いと 2^N 個の状態が古典的な確率の

意味ですべて同じ出現確率を持っている常磁性相にあるが [27,28]，これの量子力学版である．古典的な温度ゆらぎの代わりに横磁場による量子ゆらぎが系の状態を特徴づけている．

一方，最終状態では 2^N 個のうち特定のもの（最適化問題の解）だけが残っている．解くべき最適化問題をイジング模型で表現すると相互作用 $\{J_{ij}\}$ が特定の値に設定されるが，これによって決まる特定の方向を各スピンは向いており，この意味で系は秩序状態にある．例えば，すべての相互作用が一定の正の値 J をとる強磁性イジング模型

$$H = -J \sum \sigma_i \sigma_j \quad (J > 0) \tag{4.17}$$

ではすべてのスピンが上向き $(\sigma_i = 1, \ \forall i)$ かすべて下向き $(\sigma_i = -1, \ \forall i)$ に揃っているのが基底状態である．これは完全な強磁性相である．ここで σ_i は σ_i^z の固有値を表している．このとき，1 スピンあたりの磁化

$$m = \frac{1}{N} \sum_{i=1}^{N} \sigma_i \tag{4.18}$$

が秩序の度合いを表す秩序パラメータとして最大の値 1（または最小の値 -1）をとる．$\{J_{ij}\}$ がより複雑な値をとる場合もそれぞれに応じた秩序パラメータ q を導入すれば，初期状態は $q = 0$ の無秩序相（量子常磁性相），最終状態は $q \neq 0$ の秩序相となる．

系は初期状態と最終状態で異なる相に属するから，N が十分大きいとき，量子アニーリングの実行過程で相転移が生じる [2)]．これは量子相転移の典型例である．相転移点（相転移が起きるパラメータの値）において秩序パラメータが 0 から連続に 0 でない値に立ち上がるのが 2 次転移，不連続のときには 1 次転移と呼ばれる（図 4.2）．

どちらの次数の転移であっても，相転移点付近では系の状態が急激に変化するので，時間依存性を持つパラメータ $\Gamma(t)$（あるいは $A(t)$, $B(t)$）をゆっくりと慎重に変化させる必要がある．各瞬間の定常状態での基底エネルギーと第 1

[2)] 理論的には相転移は $N \to \infty$ の極限で起きる現象であるが，N が十分大きければ相転移に近い現象が見られる．

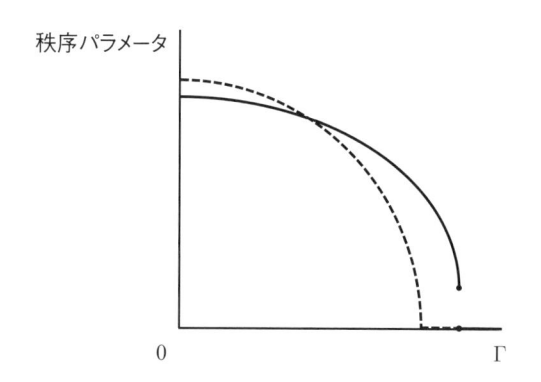

図 **4.2** 1 次転移（実線）では秩序パラメータが 0 と 0 でない値の間を不連続に飛んでいるが，2 次転移（破線）では連続である.

励起エネルギーの差が量子相転移点付近で非常に小さくなり，時間変化をゆっくりと行わないと基底状態から第 1 励起状態への遷移が起きてしまう．基底状態を十分よい精度でたどり続けるためにどれだけパラメータをゆっくり変化させるべきかという条件が断熱条件である．次の章で詳しく議論する.

量子相転移の存在とその性質（1 次転移か 2 次転移かなど）は，量子アニーリングの成否を左右する重要な要素であり，その解析には統計力学が有用な手段となる．統計力学についての最小限の知識は付録にまとめてある.

4.4 横磁場イジング模型における量子相転移の例

より具体的にイメージをつかむために，性質がよくわかっている量子相転移の例をいくつか紹介しよう.

1 次元横磁場イジング模型

1 次元で最近接格子点間に強磁性的な相互作用を持つ横磁場イジング模型

$$\hat{H} = -J \sum_{i=1}^{N} \hat{\sigma}_i^z \hat{\sigma}_{i+1}^z - \Gamma \sum_{i=1}^{N} \hat{\sigma}_i^x \quad (J > 0) \tag{4.19}$$

は，周期境界条件 $\hat{\sigma}_{N+1}^z = \hat{\sigma}_1^z$ を課すと厳密解が求められる．その詳細は本書の

範囲を超えるので教科書に譲るが [27, 28]，$J = \Gamma$ で 2 次の量子相転移を示すことが知られている．$J > \Gamma$ では相互作用の影響が強くてスピンの向きが揃った強磁性相，$J < \Gamma$ では横磁場の影響が強くてスピンの z 方向の成分はばらばらになった式 (4.9) と本質的に類似の常磁性相である．z 方向の磁化を表す演算子を式 (4.18) にならって

$$\hat{m}^z = \frac{1}{N} \sum_{i=1}^{N} \hat{\sigma}_i^z \tag{4.20}$$

とし基底状態を $|\Psi\rangle$ とすると，$J > \Gamma$ で $\langle\Psi|\hat{m}^z|\Psi\rangle \neq 0$，$J < \Gamma$ で $\langle\Psi|\hat{m}^z|\Psi\rangle = 0$ である．

p スピン模型

次の例は，すべてのスピン変数の和のべき（p 乗）で目的関数のイジング模型 $\hat{H}_0$ が書かれている系である．全結合強磁性イジング模型あるいは p スピン模型と呼ばれる．

$$\hat{H} = -JN \left(\frac{1}{N} \sum_{i=1}^{N} \hat{\sigma}_i^z \right)^p - \Gamma \sum_{i=1}^{N} \hat{\sigma}_i^x \quad (J > 0) \tag{4.21}$$

p は 2 以上の整数である．$(\cdots)^p$ を分解すると，$\hat{\sigma}_{i_1}^z \hat{\sigma}_{i_2}^z \cdots \hat{\sigma}_{i_p}^z$ のような形の項の和になる．ここに出てくるサイト番号 $i_1, i_2, \ldots, i_p$ については，1 から N までの整数から p 個選んでくるすべての組み合わせが和の中に出現するので，全結合といわれる．ハミルトニアンが全体として示量性（N に比例）を持つよう，右辺第 1 項に N がかかっている．

このハミルトニアンはすべてのサイトについてのスピン演算子（パウリ行列）の和

$$\hat{m}^z = \frac{1}{N} \sum_{i=1}^{N} \hat{\sigma}_i^z, \quad \hat{m}^x = \frac{1}{N} \sum_{i=1}^{N} \hat{\sigma}_i^x \tag{4.22}$$

のみの関数として書くことができる．

$$\hat{H} = -JN(\hat{m}^z)^p - \Gamma N \hat{m}^x \tag{4.23}$$

その性質を調べるため，$\hat{m}^z$ と $\hat{m}^x$ の交換関係をとると

$$[\hat{m}^z, \hat{m}^x] = \frac{1}{N^2} \sum_{i,j} [\hat{\sigma}_i^z, \hat{\sigma}_j^x] = \frac{1}{N^2} \sum_{i=1}^N (-2i\hat{\sigma}_i^y) = -\frac{2i}{N} \hat{m}^y \qquad (4.24)$$

となる. $\hat{m}^y$ は有界（固有値の絶対値の最大値が 1）だから, 熱力学的極限 $N \to \infty$ で上式の右辺は 0 になり $\hat{m}^z$ と $\hat{m}^x$ は交換する. $[\hat{m}^x, \hat{m}^y]$ や $[\hat{m}^y, \hat{m}^z]$ についても同様である. したがって, N が十分大きいとき $\hat{m}^z$ と $\hat{m}^x$ はほとんど可換であり, これらは古典変数（演算子でない普通の数）と見なすのが十分よい近似になる.

　量子アニーリングは $\hat{m}^x$ の最大固有値 1 の固有状態から出発する. 式 (4.9) の $|\Psi_0\rangle$ である. ハミルトニアン式 (4.21) ないし式 (4.23) は全スピン演算子

$$\hat{\boldsymbol{S}} = \frac{1}{2} \left(\sum_{i=1}^N \hat{\sigma}_i^x, \sum_{i=1}^N \hat{\sigma}_i^y, \sum_{i=1}^N \hat{\sigma}_i^z \right) \qquad (4.25)$$

の 2 乗と交換するから, ハミルトニアンに現れるパラメータ $\Gamma(t)$ あるいは式 (4.13) の $A(t), B(t)$ などの時間変化の仕方によらず全スピンの大きさ $\hat{\boldsymbol{S}}^2$ は保存する. 初期条件では $\hat{m}^x$ が固有値 1, $\hat{m}^z$ が固有値 0 を持つ状態だから, 関係式 $(\hat{m}^x)^2 + (\hat{m}^z)^2 = 1$ が常に保たれる [3].

　以上の理由により, $\hat{m}^z$ と $\hat{m}^x$ は大きさ 1 の古典ベクトルの成分と考えるのが非常に大きな系では十分よい近似になっている. そこで演算子を表すハットを省略するとともに次のようにおく.

$$m^z = \sin\theta, \quad m^x = \cos\theta \qquad (4.26)$$

これを式 (4.23) に入れることにより, 問題は古典的なエネルギー

$$E = -J(\sin\theta)^p - \Gamma\cos\theta \qquad (4.27)$$

の θ の関数としての最小化に帰着される. ここで簡単のため, エネルギーを N で割って 1 スピンあたりの値にした.

　初期状態 $(J = 0, \Gamma > 0)$ では $\theta = 0$ が最小を与え, スピンは x 方向を向いて

---

[3] ハミルトニアンの対称性より $\hat{m}^y$ は 0 である.

いる. 終状態 $(J > 0, \Gamma = 0)$ では $\theta = \pi/2$ で，スピンは z 方向を向く[4]. p に応じて決まる相転移点を境にして，Γ/J が転移点の値より大きければ $\theta = 0$ の量子常磁性相，小さければ $\theta \neq 0$ の強磁性相である.

相転移の性質は p の値によって違ってくる. $p = 2$ の 2 体相互作用のときは相転移は 2 次で，θ は 0 から連続的に立ち上がる. ランダウ理論に従って式 (4.27) のエネルギー E を常磁性相の解 $\theta = 0$ のまわりで展開して，2 次の項の係数が 0 になるという条件から転移点を決めることができる [27, 28].

$$E = -\Gamma + \left(\frac{\Gamma}{2} - J\right)\theta^2 + \mathcal{O}(\theta^4) \qquad (4.28)$$

この式によると，$J < \Gamma/2$ では $\theta = 0$ が最小点を与えるが，$J > \Gamma/2$ になると $\theta \neq 0$ の解が $\theta = 0$ から連続的に出現することが示唆される. すなわち $J = \Gamma/2$ が 2 次の相転移点である. なお，上式の θ^2 は式 (4.27) の $(\sin\theta)^p$ と $\cos\theta$ の両方から出てきていることに注意しておこう.

同様の展開を $p \geq 3$ について行うと，$(\sin\theta)^p$ からは θ^2 の項は出てこない. よって，式 (4.28) と同様の展開を行うと

$$E = -\Gamma + \frac{\Gamma}{2}\theta^2 + \cdots \qquad (4.29)$$

となる. $\Gamma > 0$ より θ^2 の係数が常に正だから，2 次の係数の符号の反転によって特徴づけられる 2 次相転移は起きない. θ^3 以上の項の係数の変化に応じて 1 次転移が起きる. 図 4.3 は $p = 5$ の場合の E の θ 依存性を示している. 相転移点 $\Gamma/J = 1.13$ を境に，エネルギーの最小点が $\theta = 0$ から $\theta > 0$ に不連続に飛んでいる. これは 1 次相転移である. こうして，p を変えると転移の次数が変わることがわかった.

以上の議論では相転移点や転移の次数の決定には量子性は顔を出さず，古典変数だけで議論が完結していた. これは本当に量子相転移の理論になっているのかという疑問が当然わいてくるだろう. その点については，量子統計力学を直接適用して理論解析をしても，相転移点の決定に関しては上の議論と同じ結

---

[4] p が偶数なら $\theta = -\pi/2$ も解であるが，ここでの相転移の性質の議論には $\theta \geq 0$ のみに着目すれば十分である.

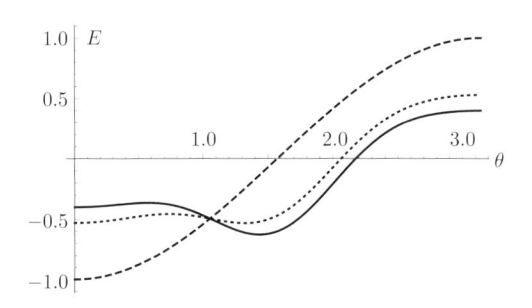

図 **4.3** $p = 5$ のときのエネルギー E の θ 依存性. Γ/J の値を変えていくと最小点が $\theta = 0$ から $\theta \neq 0$ に飛ぶ.

果になることがわかっている [29]. また, 相転移点付近での微妙な性質の決定に量子効果が効いていることも明らかになっている [30]. このように, p スピン模型は量子力学系であるが転移点の位置および転移の次数の決定に関する限り古典計算が信頼できる便利な系である.

$p \to \infty$ でのデータベース探索問題

p スピン模型 (4.21) で $\Gamma = 0$ とし $p \to \infty$ の極限をとると, $(m^z)^p$ が厳密に 1 のときだけ $(m^z)^p = 1$ で, 他は $|m^z| < 1$ より $(m^z)^p \to 0$ になる[5]. $\{\sigma_i^z\}$ を対角化する行列表示で, 2^N 個の状態のうちの 1 つ $|\uparrow\uparrow \cdots \uparrow\rangle$ ($m^z = 1$ に相当) だけが低いエネルギー $-J(m^z)^p = -J$ で最適化問題の解になる. 他はエネルギー 0 で最適化問題の解ではない. 多数の状態の中から特定の 1 つだけを探すデータベース探索問題 (グローバの問題) と等価な構造である.

古典的なアルゴリズムで 2^N 個の中から 1 つだけ特定のものを探そうとすると, すべての状態を一つひとつ調べる必要があり, 平均としては $2^N/2$ 回の手間 (時間) をかけなければならない. どんなに工夫しても N の指数関数に比例する時間がかかることがわかっている. これに対して, 量子回路 (ゲート) 模型のグローバのアルゴリズムを使うと, その平方根 $2^{N/2}$ 程度の計算量で済むことが知られている. グローバのアルゴリズムに対応する量子アニーリング (量子断熱計算) の手法も知られており, 後にもう少し突っ込んで解説する [31].

---

[5] p は奇数とした. 偶数でも本質は同じである.

横磁場 Γ が入ったときの $p \to \infty$ での式 (4.21) の系の相転移は単純な構造をしている [32]. $J > \Gamma$ ではすべてのスピンが z 方向に揃った完全強磁性状態が基底状態である. m^x は 0 だからエネルギーは $-JN$ である. 一方, 全スピンが x 方向を向くと $(m^z)^p = 0$, $m^x = 1$ よりエネルギーは $-\Gamma N$ となる. これらのエネルギー値が入れ替わる $J = \Gamma$ で m^z が 0 と 1 の間を不連続に飛び移る 1 次相転移が起きる.

第5章 断熱時間発展の条件

　ハミルトニアンに出てくる時間依存パラメータをゆっくり変化させて各瞬間の定常基底状態を追っていくのが，量子断熱計算の観点からの量子アニーリングの見方である．その特性をきちんと調べるためには，ゆっくり変化させるという言葉の意味を定量的に明らかにする必要がある．断熱定理と総称されるいくつかの結果を紹介しよう．

5.1 漸近的断熱条件

　しばしば使われる次の主張は断熱定理と呼ばれることが多いが，定理という言葉の持つ数学的な厳密さからは距離がある．

主張：漸近解析による断熱条件

時間に依存するハミルトニアン $\hat{H}(t)$ において，t が固定されたパラメータだと見たときの定常固有状態を $|j(t)\rangle$ とする．$j = 0$ が基底状態，$j = 1, 2, \ldots$ が励起状態を表すとする [1]．$t = 0$ で基底状態から出発したとき，時刻 t において系が励起状態 $|j(t)\rangle$ $(j \geq 1)$ に存在する確率は，次の関係が満たされるとき十分小さい．

$$\frac{1}{\Delta_j(t)^2} \left| \langle j(t)|\dot{\hat{H}}(t)|0(t)\rangle \right| \ll 1 \tag{5.1}$$

$\dot{\hat{H}}(t)$ は $\hat{H}(t)$ の t での 1 階微分，$\Delta_j(t)$ は状態 $|j(t)\rangle$ と $|0(t)\rangle$ のエネルギー差（エネルギーギャップ）を表す．

---

[1] $|0(t)\rangle$ が式 (4.11) の $|\Phi_t\rangle$ に相当する．

導出

$t = 0$ から $t = \tau$ までの時間発展を考察する．τ が十分大きければ長い時間をかけての発展であり，ゆっくりとした時間変化となることが期待される．ハミルトニアン $\hat{H}(t)$ を $\tilde{H}(s)$ $(s = t/\tau)$ と書き直す．例えば

$$\hat{H}(t) = \frac{t}{\tau}\hat{H}_0 - \left(1 - \frac{t}{\tau}\right)\sum_i \hat{\sigma}_i^x \tag{5.2}$$

のとき

$$\tilde{H}(s) = s\hat{H}_0 - (1 - s)\sum_i \hat{\sigma}_i^x \tag{5.3}$$

である．$\hat{H}_0$ としては最適化問題を表すイジング模型を念頭に置いているが，以下の議論ではこのことは使わない．$t = s\tau$ より，シュレディンガー方程式は

$$i\frac{d}{ds}|\psi(s)\rangle = \tau\tilde{H}(s)|\psi(s)\rangle \tag{5.4}$$

と書くことができる．s が時間変数であることをひとまず忘れて単なるパラメータと見たときのハミルトニアンの固有値，固有ベクトルを

$$\tilde{H}(s)|j(s)\rangle = \epsilon_j(s)|j(s)\rangle \tag{5.5}$$

とする．実対称行列 $\tilde{H}(s)$ の固有ベクトルの完全性より，$|\psi(s)\rangle$ を $|j(s)\rangle$ で展開して次のように書くことにする．

$$|\psi(s)\rangle = \sum_j c_j(s)e^{-i\tau\phi_j(s)}|j(s)\rangle \tag{5.6}$$

ここで

$$\phi_j(s) = \int_0^s ds'\epsilon_j(s') \tag{5.7}$$

である．式 (5.6) を式 (5.4) に入れて，シュレディンガー方程式を $c_j(s)$ の微分方程式に書き直すのが目標である．式 (5.4) の左辺は

$$i\sum_j \Big(\dot{c}_j(s)e^{-i\tau\phi_j(s)}|j(s)\rangle - i\tau c_j(s)\epsilon_j(s)e^{-i\tau\phi_j(s)}|j(s)\rangle$$

$$+ c_j(s)e^{-i\tau\phi_j(s)}\frac{d}{ds}|j(s)\rangle\Big) \tag{5.8}$$

となる．右辺は

$$\tau \sum_j c_j(s) e^{-i\tau\phi_j(s)} \epsilon_j(s) |j(s)\rangle \tag{5.9}$$

である．これら 2 つの式に左から $\langle k(s)|$ をかけて内積をとり，後で証明する関係式

$$\left\langle k(s) \left| \frac{d}{ds} \right| j(s) \right\rangle = \frac{1}{\epsilon_j(s) - \epsilon_k(s)} \left\langle k(s) \left| \dot{H}(s) \right| j(s) \right\rangle \quad (k \neq j) \tag{5.10}$$

$$\left\langle k(s) \left| \frac{d}{ds} \right| k(s) \right\rangle = 0 \tag{5.11}$$

を使うと

$$\frac{d}{ds} c_k(s) = \sum_{j(\neq k)} c_j(s) \frac{e^{i\tau(\phi_k(s) - \phi_j(s))}}{\epsilon_k(s) - \epsilon_j(s)} \langle k(s)|\dot{H}(s)|j(s)\rangle \tag{5.12}$$

を得る．これを積分すると

$$c_k(s) = c_k(0) + \sum_{j(\neq k)} \int_0^s du\, c_j(u) \frac{e^{i\tau(\phi_k(u) - \phi_j(u))}}{\epsilon_k(u) - \epsilon_j(u)} \langle k(u)|\dot{H}(u)|j(u)\rangle \tag{5.13}$$

となる．ここまでは近似を使っていないが，以後は τ が大きい極限での漸近解析を行う．

　初期条件として基底状態から始めたとする．係数で表せば

$$c_0(0) = 1,\ c_k(0) = 0 \quad (k \neq 0) \tag{5.14}$$

である．τ が大きく十分長い時間をかけて系を時間発展させると基底状態の近くに系の状態は留まると考えられるから，$c_0(s)$ は s によらず 1 に近く，$c_k(s)$ $(k \neq 0)$ は 0 に近いと予想される．そこで，$\tau \gg 1$ で

$$c_0(s) = 1 - \mathcal{O}(\tau^{-1}),\ c_k(s) = \mathcal{O}(\tau^{-1})\ (k \neq 0) \tag{5.15}$$

と仮定して式 (5.13) の解を $\mathcal{O}(\tau^{-1})$ まで求め，その解が式 (5.15) を実際に満たしているとの整合性を確認するという手順で進むことにする．このとき式 (5.13) で $k \neq 0$ としてその右辺第 1 項は 0 であり，第 2 項では $c_0(u)$ 以外の項は $c_0(u)$

に比べて τ^{-1} のオーダーが高いので，τ^{-1} による漸近展開の初項を求める限り
は無視できる．そこで，$c_0(u)$ のみ残すと

$$c_k(s) = \int_0^s du \, \frac{e^{i\tau(\phi_k(u)-\phi_0(u))}}{\varepsilon_k(u) - \varepsilon_0(u)} \langle k(u)|\dot{H}(u)|0(u)\rangle + \mathcal{O}(\tau^{-2}) \tag{5.16}$$

となる．部分積分により積分を実行すると

$$c_k(s) = \frac{i}{\tau} \left(A_k(0) - e^{i\tau(\phi_k(s)-\phi_0(s))} A_k(s) \right) + \mathcal{O}(\tau^{-2}) \tag{5.17}$$

$$A_k(s) = \frac{1}{\Delta_k(s)^2} \langle k(s)|\dot{H}(s)|0(s)\rangle \tag{5.18}$$

$$\Delta_k(s) = \epsilon_k(s) - \epsilon_0(s) \tag{5.19}$$

が得られる．実際，式 (5.17) の右辺第 2 項を微分すると式 (5.16) の被積分関数が得
られるので，部分積分の結果の正当性が確かめられる．式 (5.17) は $c_k(s)$ $(k \neq 0)$
が $\mathcal{O}(\tau^{-1})$ であることを明示的に示しており，最初の仮定との整合性がとれて
いる．

　式 (5.17) より，励起状態 $|k(s)\rangle$ の出現確率が $\tau \gg 1$ で十分小さいためには

$$\tau \gg \frac{1}{\Delta_k(s)^2} \left| \langle k(s)|\dot{H}(s)|0(s)\rangle \right| \tag{5.20}$$

が必要だとわかる [2]．$s = t/\tau$ で元の変数 t に戻して書けば

$$\frac{1}{\Delta_k(t)^2} \left| \langle k(t)|\dot{H}(t)|0(t)\rangle \right| \ll 1 \tag{5.21}$$

となる．

　最後に，式 (5.10) と式 (5.11) を導いておこう．式 (5.5) の両辺を s で微分し
て $\langle k(s)|$ との内積をとると，$k \neq j$ のとき式 (5.10) がただちに導かれる．

　式 (5.11) については，$|k(s)\rangle$ が規格化されていることからくる $\langle k(s)|\frac{d}{ds}|k(s)\rangle$
の純虚数性

$$\left\langle k(s) \left| \frac{d}{ds} \right| k(s) \right\rangle + \left(\left\langle k(s) \left| \frac{d}{ds} \right| k(s) \right\rangle \right)^* = \frac{d}{ds}\langle k(s)|k(s)\rangle = 0 \tag{5.22}$$

---

[2] 式 (5.17) の $\mathcal{O}(\tau^{-2})$ の高次項が本当に小さいかどうかはここまでの解析からは自明
ではない．これを確かめなければ必要十分とはいえない．さらに，各項が小さくても
和をとると大きくなるかもしれない．これも本来は確認しなければならない．

と，波動関数の位相の任意性（θ を任意の実数として，$|k(s)\rangle$ と $e^{i\theta}|k(s)\rangle$ は同じ状態を表すこと）により

$$\left\langle k(s)\left|e^{-i\theta}\frac{d}{ds}e^{i\theta}\right|k(s)\right\rangle = i\frac{d\theta}{ds} + \left\langle k(s)\left|\frac{d}{ds}\right|k(s)\right\rangle = 0 \tag{5.23}$$

となるように θ をとればよい．（**導出終**）

以上は τ^{-1} に関する漸近展開の初項の議論であり，高次項の評価や $|k(s)\rangle$ 以外のすべての項の総体としての効果の評価は入ってない．実際，例えばハミルトニアンに周期的に時間に依存する項があると，τ が十分大きい極限でも基底状態に常にいるとは限らない．例えば文献 [33] の議論を見よ．

5.2 厳密な断熱条件

厳密な論理により構成される定理もいくつか知られている．例えば次の定理が成立する．証明は原論文 [34] を参照．

定理 1. 時刻 s における $\hat{H}(s)$ の定常基底状態への射影演算子を $\hat{P}(s)^{3)}$，有限の時間 τ をかけて発展させたときに実際に到達する状態への射影を $\hat{P}_\tau = |\Psi(s)\rangle\langle\Psi(s)|$，基底状態の縮退度を m，エネルギーギャップを $\Delta(s) = \epsilon_1(s) - \epsilon_0(s)$ とするとき，次の不等式が成立する．

$$\begin{aligned}
\|\hat{P}_\tau(s) - \hat{P}(s)\| \leq &\frac{m(0)\|\dot{\hat{H}}(0)\|}{\tau\Delta(0)^2} + \frac{m(s)\|\dot{\hat{H}}(s)\|}{\tau^2\Delta(s)^2} \\
&+ \frac{1}{\tau}\int_0^s\left(\frac{m\|\ddot{\hat{H}}(x)\|}{\Delta(x)^2} + \frac{7m\sqrt{m}\|\dot{\hat{H}}(x)\|^2}{\Delta(x)^3}\right)dx
\end{aligned} \tag{5.24}$$

$\hat{H}(s)$ の 2 階微分や Δ の 3 乗，それらの積分などが現れるところが伝統的に使われてきた断熱条件 (5.1) と違う．ただし，Δ が N に指数関数的に依存するか多項式かは Δ を 2 乗しても 3 乗でも同じだから，N 依存性についての定性

---

3) ベクトル $|\phi\rangle$ を完全直交規格化基底 $\{|c_i\rangle\}_i$ で展開したとき $|\phi\rangle = \sum_i a_i|c_i\rangle$ となるとする．特定の基底 $|c_k\rangle$ への射影演算子を $\hat{P}_k = |c_k\rangle\langle c_k|$ と定義すると，$\hat{P}_k|\phi\rangle = a_k|c_k\rangle$ となる．射影という言葉にふさわしく，特定の状態をとり出している．

的な結果（多項式か指数関数か）はいずれにしても同じである．また，$\hat{H}$ の微分の行列要素の N 依存性も通常は $\hat{H}$ の持つ $\mathcal{O}(N)$ の性質をそのまま引き継ぐので，微分が現れないときとの違いは出ない．

5.3　データベース探索問題の量子断熱解

4.4 節で述べたように，多数の項目の中から特定の項目を見つけるデータベース探索問題は，古典アルゴリズムだと項目数 M と同程度のオーダー以下の時間では解けない[4]．量子回路模型のグローバのアルゴリズムは $\mathcal{O}(\sqrt{M})$ で解くので，2 乗の高速化（かかる時間が平方根）が達成されたことになる．同じ問題を断熱条件を使って解く方法も知られているので解説しよう [31]．

項目に番号を付け，これらに直交規格化ベクトル $|0\rangle, |1\rangle, \ldots, |M-1\rangle$ を対応させる．このうち特定のもの $|m\rangle$ を探すのが問題である．目的関数を表すハミルトニアンを

$$\hat{H}_m = 1 - |m\rangle\langle m| \tag{5.25}$$

とする．$\hat{H}_m$ を $|m\rangle$ に作用させると $\hat{H}_m|m\rangle = |m\rangle - |m\rangle = 0$，それ以外の $|j\rangle$ だと $\hat{H}_m|j\rangle = |j\rangle$ と固有値 1 を返すので，正しい項目かどうかが判定できる．初期条件はすべての可能な状態の同じ重みでの重ね合わせとするのが自然である．そこで

$$\hat{H}_{\mathrm{init}} = 1 - |\psi_0\rangle\langle\psi_0|, \quad |\psi_0\rangle = \frac{1}{\sqrt{M}} \sum_{i=0}^{M-1} |i\rangle \tag{5.26}$$

とすると，すべての可能な状態の同じ重みでの重ね合わせ $|\psi_0\rangle$ が $\hat{H}_{\mathrm{init}}$ の基底状態になっている．そこで全ハミルトニアンは

$$\hat{H} = \left(1 - f(s)\right)\hat{H}_{\mathrm{init}} + f(s)\hat{H}_m \quad (0 \le s \le 1) \tag{5.27}$$

となる．$f(s)$ は $f(0) = 0$ から $f(1) = 1$ まで単調増加する微分可能な関数とする．

---

[4] 4.4 節の記号でいえば $2^N = M$ である．

ハミルトニアンは $|m\rangle$ とそれに直交する $|m^\perp\rangle = (M-1)^{-1/2} \sum_{i \neq m} |i\rangle$ のみを使って書けるから，初期条件をこの空間内にとると系はこれらで張られる 2 次元空間の中で時間発展する．この空間でハミルトニアンを行列表現すると

$$\hat{H} = \begin{pmatrix} \langle m|H|m\rangle & \langle m|H|m^\perp\rangle \\ \langle m^\perp|H|m\rangle & \langle m^\perp|H|m^\perp\rangle \end{pmatrix}$$

$$= \frac{1}{2} \begin{pmatrix} 1 & 0 \\ 0 & 1 \end{pmatrix} - \frac{\Delta(f)}{2} \begin{pmatrix} \cos\theta(f) & \sin\theta(f) \\ \sin\theta(f) & -\cos\theta(f) \end{pmatrix} \tag{5.28}$$

となる．f は $f(s)$ の略記である．各記号は次のように定義される．

$$\Delta(f) = \sqrt{(1-2f)^2 + 4f(1-f)/M} \tag{5.29}$$

$$\cos\theta(f) = \frac{1}{\Delta(f)} \left(1 - 2(1-f)\left(1 - \frac{1}{M}\right) \right) \tag{5.30}$$

$$\sin\theta(f) = \frac{2}{\Delta(f)} (1-f) \frac{1}{\sqrt{M}} \sqrt{1 - \frac{1}{M}} \tag{5.31}$$

式 (5.28) は 2 次元の行列だから容易に対角化できて，エネルギー固有値は

$$\epsilon_0 = \frac{1}{2}(1 - \Delta(f)), \quad \epsilon_1 = \frac{1}{2}(1 + \Delta(f)) \tag{5.32}$$

であり，$\epsilon_1 - \epsilon_0 = \Delta(f)$ がエネルギーギャップになっている．

さて，断熱条件 (5.1) を今の問題に対して書きくだすと

$$\left| \frac{df}{ds} \right| \leq \epsilon \frac{\tau \Delta(f)^2}{\left| \left\langle \epsilon_1 \left| \frac{d\hat{H}}{df} \right| \epsilon_0 \right\rangle \right|} \quad (\epsilon \ll 1) \tag{5.33}$$

である．基底状態を $|\epsilon_0\rangle$，第 1 励起状態を $|\epsilon_1\rangle$ と書いた．また，後で示すように M が大きくなっても $|\langle \epsilon_1 | \frac{d\hat{H}}{df} | \epsilon_0 \rangle|$ は有界に留まり M によらない定数 $c\,(>0)$ で押さえられる．f が満たすべき，ぎりぎりの条件は上式で等号をとることであり，これは式 (5.29) も使って

$$\frac{df}{ds} = c\epsilon\tau \Delta(f)^2 = c\epsilon\tau \left(1 - 4\frac{M-1}{M} f(1-f) \right) \tag{5.34}$$

と表される．ϵ と $c\epsilon$ は単に定数の違いだから，後者を新たに ϵ と書いて上の微分方程式を解くと

$$s = \frac{1}{2\epsilon\tau}\frac{M}{\sqrt{M-1}}\left(\arctan\left(\sqrt{M-1}(2f-1)\right) + \arctan\sqrt{M-1}\right) \quad (5.35)$$

となる．終時刻 $s = 1$ では $f = 1$ より

$$\tau = \frac{1}{\epsilon}\frac{M}{\sqrt{M-1}}\arctan\sqrt{M-1} \approx \frac{\pi}{2\epsilon}\sqrt{M} \gg \sqrt{M} \quad (5.36)$$

すなわち，$\sqrt{M}$ より十分長い時間をかければ 1 に近い確率で正解にたどり着ける．

最後に，$|\langle\epsilon_1|\frac{d\hat{H}}{df}|\epsilon_0\rangle|$ が M が大きくなっても有界であることを導出しておこう．式 (5.29), (5.30), (5.31) より，$M \gg 1$ のとき

$$\Delta(f) = 1 - 2f + \mathcal{O}(M^{-1}) \quad (5.37)$$

$$\cos\theta(f) = \frac{2f-1}{\Delta} + \mathcal{O}(M^{-1}) \quad (5.38)$$

$$\sin\theta(f) = \frac{2(f-1)}{\Delta}\frac{1}{\sqrt{M}} + \mathcal{O}(M^{-3/2}) \quad (5.39)$$

である．よってハミルトニアンは（微分で落ちる定数部分を除いて）

$$\hat{H} \approx -\frac{1}{2}\begin{pmatrix} 2f-1 & \frac{2(1-f)}{\sqrt{M}} \\ \frac{2(1-f)}{\sqrt{M}} & -2f+1 \end{pmatrix} \quad (5.40)$$

と表され，その微分は

$$\frac{d\hat{H}}{df} = \begin{pmatrix} -1 & \frac{1}{\sqrt{M}} \\ \frac{1}{\sqrt{M}} & 1 \end{pmatrix} \quad (5.41)$$

である．規格化されたベクトル $|\epsilon_0\rangle = \begin{pmatrix} a \\ b \end{pmatrix}$ および $|\epsilon_1\rangle = \begin{pmatrix} c \\ d \end{pmatrix}$ で上の行列の行列要素をとると，a, b, c, d，これらの複素共役，および $1/\sqrt{M}$ との積の線形結合になる．これは明らかに有界である．（**導出終**）

エネルギーギャップの式 (5.29) は $f = \frac{1}{2}$ で最小値 $1/\sqrt{M}$ をとる．f の時間依存性の式 (5.34) は Δ が小さい $f = \frac{1}{2}$ 付近で f をゆっくりと慎重に変化させ

るようになっている.

エネルギーギャップの値が最も小さくなる点があらかじめわかっていれば,そのあたりではゆっくりと時間変化させればよいという,もっともな話である.上の議論では漸近解析による断熱条件式 (5.1) を使ったが,厳密な不等式 (5.24) を使っても同様の結果が得られる [35].

5.4 非断熱遷移

必ずしも断熱的な時間発展をしなくても最終的に解が見つかれば十分である.問題によっては,エネルギースペクトルの特殊な構造を利用して,途中では励起状態を経るが最後に基底状態に行き着くプロセスが存在する.接合木問題がその例になっている [36].図 5.1 のように,一歩進むと 2 つに枝分かれする経路を左右に 2 つ用意して中心に向かって枝を伸ばしていき,端の部分で 2 つをランダムに接合する.左端の入り口から出発して隣のサイト(結節点)に量子力学的に遷移する.ある点に結びついている 3 つの点(後ろ向きも含む)のどれも同じように遷移の対象となる.このようにして右端の出口にたどり着くための最小の時間を求めよという問題である.

計算の詳細は原論文に譲り,対応するハミルトニアンのエネルギースペクトルを図 5.2 に示す.$s = s_1$ 付近および s_2 付近においてエネルギーギャップが問

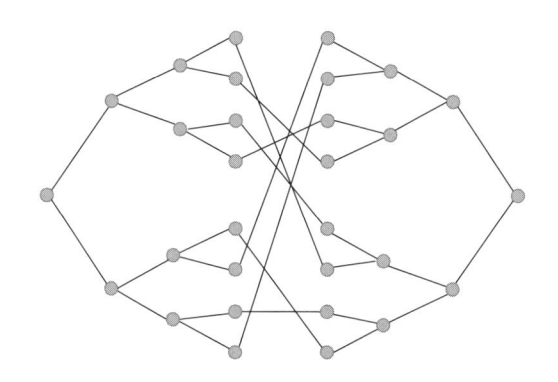

図 **5.1** 接合木問題.

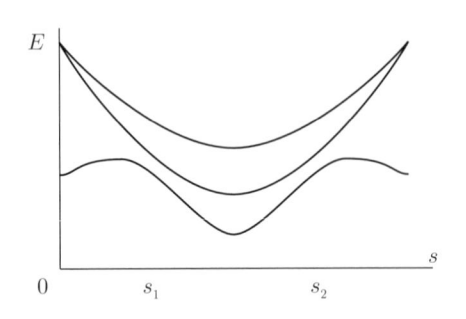

図 **5.2**　接合木問題のエネルギースペクトル.

題サイズの指数関数に比例して小さくなっているため，指数関数より速い多項
式時間で時間発展させると，系は s_1 において第 1 励起状態に上がった後，s_2 付
近で基底状態に戻る．この方法は最速の古典アルゴリズムに比べて指数関数的
な高速化を達成している．

　最近の論文 [37, 38] でも，非断熱遷移の例が提示されている．

　量子アニーリングの古典計算機でのシミュレーション（量子モンテカルロ法）
では，1 回の長い（断熱的な）計算を行うより，同じ計算時間で多数回の短い計
算をした方が正解が得られる確率が高いという報告もある [39, 40]．量子アニー
リングを実装したデバイスである D-Wave マシンは最速 5 マイクロ秒で 1 回の
計算を終えるが，この時間は平衡状態への緩和時間に比べて長いので，D-Wave
のプロセッサー上では低温での熱平衡状態に近い状態が実現していると推定さ
れるという研究もある [41]．

　このように，現実のデバイスの動作を理解するには断熱条件を満たすことに
必ずしもこだわる必要はないが，理想的な条件下での理論的な可能性を押さえ
ておくためには，断熱条件を足掛かりにした解析は重要である．

第6章 量子相転移の次数とエネルギーギャップの関係

　前章において，断熱性が成立するために必要な計算時間 τ は，基底状態と第1励起状態の間のエネルギーギャップ Δ のべきに逆比例することを見た．量子相転移点においては一般にエネルギーギャップが非常に小さくなり，熱力学的極限 $N \to \infty$ では0になる．N が大きいが有限のとき，Δ がどう0に近づくかについて2つの場合がある．Δ が N のべき（多項式）に比例している（$\Delta \propto N^{-a}$, $a > 0$）ときには τ が N の多項式に比例して増大する．このような状況においては，当該の最適化問題は難しくないと分類される．一方，Δ が N の指数関数に比例して急速に0に近づく（$\Delta \propto e^{-bN}$, $b > 0$）ときには τ は N の指数関数に比例して増大する．このような問題は解くのが困難であるとされる．したがって Δ の N 依存性を調べるのが重要な課題となる．

　量子相転移においては，転移の次数が2次の場合には Δ が N のべきで減衰し，1次ならほとんどの場合は指数関数的に減衰することが知られている．したがって，量子相転移の次数を調べることにより該当する最適化問題に対する量子アニーリングの効率を明らかにすることができる．こうして，相転移の次数を決定する手法を提供する統計力学の枠組みが重要な研究手段となる．

　ここで少し注意点を述べておこう．基本的に統計力学は $N \to \infty$（熱力学的極限）での系の性質を調べる学問体系であるのに対して，計算時間 τ の N 依存性を明らかにするには，N は大きいが有限での場合を考えなければならない．幸運なことに，統計力学により $N \to \infty$ での相転移の次数が明らかになると，有限サイズ（$1 \ll N < \infty$）でのエネルギーギャップの振る舞いを正確に推定できる．

　以下では，2次相転移のときは Δ がべきで減衰し，1次相転移では指数関数的に減衰するという議論を展開する．一般的に成立する定理のような厳密な成

果はまだ知られておらず物理的な議論や個別の例の研究になる．例外もいくつか知られており，それらについても紹介する．相転移・臨界現象の理論についての基礎知識をある程度仮定するので，必要に応じて参考文献 [27,28] で勉強してほしい．

<table>
<tr><td>6.1</td><td>2 次相転移</td></tr>
</table>

　大きさが有限の系について 2 次相転移点付近の系の様子を記述する有限サイズスケーリング理論によると，相転移点付近ではマクロな（系全体の様子が絡む）物理量が系の大きさに対してべき的な依存性を示す．量子相転移であっても同様である．この一般論によると，エネルギーギャップ Δ も系の大きさに対してべき的な減衰をすると考えたくなる．

　しかしながら，エネルギーギャップはエネルギー固有値間の間隔であり，有限サイズスケーリング理論の対象であるマクロな物理量とは言い難いという問題がある．幸い，量子相転移点付近ではマクロな物理量である磁化率 χ がエネルギーギャップの逆数に比例して発散することから，エネルギーギャップに対して有限サイズスケーリング理論を適用することが正当化できる．

　もう少し詳しく説明しよう．絶対零度における量子スピン系の磁化率は次式で表される [28]．

$$\chi = \frac{1}{N} \sum_{n \neq 0} \frac{2}{\epsilon_n - \epsilon_0} \left| \left\langle 0 \left| \sum_{i=1}^{N} \hat{\sigma}_i^z \right| n \right\rangle \right|^2 \tag{6.1}$$

それぞれの記号の意味は前章と同じである．量子相転移点付近では $\Delta = \epsilon_1 - \epsilon_0$ が N の増大とともに 0 に近づく．定義により，他の $\epsilon_n - \epsilon_0 \, (n \geq 2)$ より Δ は小さいから，上式の和の中で $n = 1$ の項が支配的であって，

$$\chi \propto \Delta^{-1} \tag{6.2}$$

が結論される．以上の議論は相転移の次数によらない．

　2 次相転移におけるエネルギーギャップ Δ の N 依存性がべきであることが実際に確かめられている例としては，1 次元スピン鎖 [42] や全結合の平均場模

型 [43] などがある.

1 次相転移

1 次相転移を持つ問題の例としては, 4.4 節で解説した p スピン模型

$$\hat{H} = -JN \left(\frac{1}{N} \sum_{i=1}^{N} \hat{\sigma}_i^z \right)^p - \Gamma \sum_{i=1}^{N} \hat{\sigma}_i^x \tag{6.3}$$

がある. p が 3 以上のとき, 横磁場 Γ の関数として 1 次の量子相転移が起きて, z 方向の磁化が 0 と有限値の間を不連続に飛ぶ. 特に $p \to \infty$ のときは状況が単純なので解説しよう.

簡単のため p は奇数とすると, $J > \Gamma$ における強磁性相では, 基底状態はすべてのスピンが $+z$ 方向を向いた

$$|\phi_0\rangle = |\uparrow\uparrow\uparrow\cdots\uparrow\rangle \tag{6.4}$$

である. 一方, $J < \Gamma$ では 2^N 個のすべての状態が同じ重みで重ね合わされたものが基底状態である.

$$|\phi_1\rangle = 2^{-N/2}\Big(|\uparrow\uparrow\uparrow\cdots\uparrow\rangle + |\uparrow\uparrow\uparrow\cdots\downarrow\rangle + \cdots + |\downarrow\downarrow\downarrow\cdots\downarrow\rangle\Big) \tag{6.5}$$

それぞれの状態でのエネルギーの期待値は

$$e_0 = \frac{1}{N}\langle\phi_0|\hat{H}|\phi_0\rangle = -J \tag{6.6}$$

$$\begin{aligned} e_1 &= \frac{1}{N}\langle\phi_1|\hat{H}|\phi_1\rangle \\ &= -\frac{\Gamma}{N}\Big\langle\phi_1\Big|\sum_{i=1}^{N}\hat{\sigma}_i^x\Big|\phi_1\Big\rangle - J\Big\langle\phi_1\Big|\Big(\frac{1}{N}\sum_{i=1}^{N}\hat{\sigma}_i^z\Big)^p\Big|\phi_1\Big\rangle \\ &= -\Gamma \end{aligned} \tag{6.7}$$

となる. e_1 の 2 行目の式の第 1 項は $|\phi_1\rangle$ が $\hat{\sigma}_i^x$ の固有値 1 の固有状態であることからすぐ評価できる. 第 2 項が 0 であることを理解するには, x 軸と z 軸を

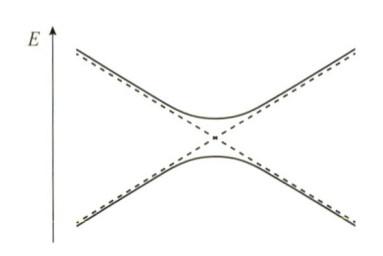

図 6.1　擬交差する 2 つのエネルギー準位. 横軸は時間を表す. 時間とともに Γ が減少し J が増加する.

入れ替えて右辺第 2 項の期待値の表式を

$$\left\langle \uparrow\uparrow\uparrow \cdots \uparrow \left| \left(\frac{1}{N} \sum_{i=1}^{N} \hat{\sigma}_i^x \right)^p \right| \uparrow\uparrow\uparrow \cdots \uparrow \right\rangle \tag{6.8}$$

としてみよ. $\hat{\sigma}_i^x$ が p（奇数）回かかると $|\uparrow\uparrow\uparrow \cdots \uparrow\rangle$ に現れる上向きスピンは少なくとも 1 つは反転しているから，内積をとると 0 になる.

　これらのエネルギー e_0, e_1 は図 6.1 の点線のように振る舞い $\Gamma = J$ で交差する. $|\phi_0\rangle$ と $|\phi_1\rangle$ の間で基底状態が移り変わり，秩序パラメータ $m_z = \langle N^{-1} \sum_i \hat{\sigma}_i^z \rangle$ が不連続に変化する 1 次転移である.

　エネルギー準位が交差する転移点付近での系の振る舞いをより正確に記述するため，非対角要素 $\langle \phi_1 | \hat{H} | \phi_0 \rangle$ を考慮してみる. すると，$J = \Gamma$ におけるエネルギー準位の縮退（完全な交差）がとれて図 6.1 の実線のようにエネルギー準位が 2 つに分かれ，小さなエネルギーギャップが生じる. 非対角要素 $\langle \phi_1 | \hat{H} | \phi_0 \rangle$ への寄与は，$|\phi_1\rangle$ の中の $2^{-N/2} |\uparrow\uparrow \cdots \uparrow\rangle$ からの

$$2^{-N/2} \langle \uparrow\uparrow \cdots \uparrow | \hat{H} | \uparrow\uparrow \cdots \uparrow \rangle = -2^{-N/2} JN \tag{6.9}$$

と，$\sum_i \sigma_i^x$ が $|\uparrow\uparrow \cdots \uparrow\rangle$ に作用してスピンを 1 つずつ反転させて得られる N 個の項からの

$$-\Gamma \left\langle \phi_1 \left| \sum_i \hat{\sigma}_i^x \right| \phi_0 \right\rangle = -\Gamma 2^{-N/2} N \tag{6.10}$$

から成る. $J = \Gamma$ ではこれらは同じ値であり，合わせて $-2JN2^{-N/2}$ を与える. よって $J = \Gamma$ において，$|\phi_0\rangle$ と $|\phi_1\rangle$ によって張られる 2 次元空間でハミルトニ

アン $\hat{H}$ を表現すると，N の低次の項は落として

$$N \begin{pmatrix} -J & -2J2^{-N/2} \\ -2J2^{-N/2} & -J \end{pmatrix} = -JN \begin{pmatrix} 1 & 2^{-N/2+1} \\ 2^{-N/2+1} & 1 \end{pmatrix} \tag{6.11}$$

である．この行列の固有値は $-JN(1 \pm 2^{-N/2+1})$ であり，指数減衰するエネルギーギャップ $\Delta = 4NJ2^{-N/2}$ が結論される.

$|\phi_1\rangle$ と $|\phi_0\rangle$ は完全には直交せず，$\langle \phi_1|\phi_0 \rangle = 2^{-N/2}$ という重なり（内積）を持つ．直交基底で $\hat{H}$ を表すには，$|\phi_1\rangle$ の代わりに

$$|\tilde{\phi}_1\rangle = c\Big(|\phi_1\rangle - 2^{-N/2}|\phi_0\rangle\Big) \tag{6.12}$$

を用いればよい．c は $\langle \tilde{\phi}_1|\tilde{\phi}_1 \rangle = 1$ を満たすように選ぶ規格化定数である．結果として得られる $\hat{H}$ の表現や固有値には多少の補正が加わるが，エネルギーギャップが $\mathcal{O}(2^{-N/2})$ であるという結論には変わりはない.

以上の議論は p スピン模型の $p \to \infty$ での状況を記述するものであるが，1次の量子相転移全般に共通する一般的な特徴を備えている.

- エネルギーが交差する 2 つの状態 $|\phi_0\rangle$, $|\phi_1\rangle$ がある．状態間の遷移の行列要素 $\langle \phi_1|\hat{H}|\phi_0 \rangle = \mathcal{O}(e^{-aN})$ により縮退がとれ，$\mathcal{O}(e^{-aN})$ のエネルギーギャップが生じる.
- 2 つの状態 $|\phi_0\rangle$, $|\phi_1\rangle$ はまったく異なる状態であり，重なりは指数関数的に小さい．まったく異なる状態間の不連続変化は，1 次相転移が 2 次相転移と区別される重要な特徴である.
- $\hat{H}$ は示量性 $\mathcal{O}(N)$ なので，上記の $\langle \phi_1|\hat{H}|\phi_0 \rangle = \mathcal{O}(e^{-aN})$ と $\langle \phi_1|\phi_0 \rangle = \mathcal{O}(e^{-bN})$ は同義に近い.

p スピン模型については，数値計算 [32] や解析計算 [44,45] などから，上記のおおざっぱな議論が正しいことが検証されている．また，他の問題についても数値計算や WKB 法などを使って 1 次転移とギャップの指数減衰の関係が精力的に調べられている [46–50].

6.3　例外の例

　1 次の量子相転移でもエネルギーギャップがべき減衰する場合もある [51]. また, 同じく 1 次相転移であってもエネルギーギャップが N の系列のとり方に応じて多彩な振る舞いをする興味深い例も知られている [52]. こうした例外が生じるのはいずれも特殊な状況においてであり, ほとんどの場合には前節までの考察を適用して正しい結果が得られる. なお, 2 次相転移でエネルギーギャップが指数減衰する例は現時点では知られていない.

収束条件

横磁場イジング模型のハミルトニアンを

$$\hat{H}(t) = \hat{H}_0 - \Gamma(t)\sum_{i=1}^{N}\hat{\sigma}_i^x = \hat{H}_0 + \hat{H}_{\mathrm{TF}}(t) \tag{7.1}$$

とする．$\hat{H}_0$ はイジング模型の部分で，その基底状態を求めるのが目的である．この章では時間依存性は $\Gamma(t)$ のみが持つものとする．$\hat{H}(t)$ が断熱条件式 (5.1)

$$\frac{1}{\Delta_j(t)^2}\left|\left\langle j(t)\left|\frac{d\hat{H}}{dt}\right|0(t)\right\rangle\right| = \delta \ll 1 \tag{7.2}$$

を満たしながら変化していくとき，$t \to \infty$ において系が j 番目の励起状態にある確率は十分小さい．このことに基づいて，長時間極限で基底状態に十分よい精度で収束するために $\Gamma(t)$ が満たすべき条件を議論するのが本章の目的である．

7.1　収束条件

式 (7.2) は $\Gamma(t)$ に関する微分方程式を与える．この微分方程式の解の性質がわかれば，量子アニーリングにより基底状態が求められるための条件を明らかにすることができる．次の定理はその解答である．

定理 2. 横磁場イジング模型式 (7.1) で，$\Gamma(t)$ は $t > t_0$ $(\exists\, t_0 > 0)$ において単調減少する正値関数であるとする．任意のイジング模型 $\hat{H}_0$ に対して，次の関数

$$\Gamma(t) = a(\delta t + c)^{-1/(2N-1)} \tag{7.3}$$

が断熱条件式 (7.2) から導かれる．a と c は N によらない定数である．

(証明)

証明は [53, 54] による．まず，証明に利用する Hopf の定理を述べておく．

定理 3. 正方行列 $\hat{M}$ の各成分が正 $(M_{ij} > 0, \forall i, j)$ のとき，$\hat{M}$ の最大固有値 λ_0 と他の任意の固有値 λ は

$$|\lambda| \leq \frac{\kappa - 1}{\kappa + 1} \lambda_0 \tag{7.4}$$

を満たす．ここで，κ は次式で定義される．

$$\kappa = \max_{i,j,k} \frac{M_{ik}}{M_{jk}} \tag{7.5}$$

証明は文献 [54] を参照．式 (7.4) がエネルギーギャップの評価を与える．

(定理 2 の証明)

$t > t_0$ とする．断熱条件式 (7.2) の分子については

$$\left| \left\langle j(t) \left| \frac{d\hat{H}}{dt} \right| 0(t) \right\rangle \right| \leq \left| \frac{d\Gamma}{dt} \right| \left| \left\langle j(t) \left| \sum_i \hat{\sigma}_i^x \right| 0(t) \right\rangle \right|$$

$$\leq -\frac{d\Gamma}{dt} \sum_{i=1}^N |\langle j(t)|\hat{\sigma}_i^x|0(t)\rangle| \leq -N\frac{d\Gamma}{dt} \tag{7.6}$$

が成立する．

次に，$\Delta_j(t)$ の下限を評価するために，行列 $\hat{M}$ を

$$\hat{M} = \left(E_+ - \hat{H}(t)\right)^N \tag{7.7}$$

と定義する．E_+ は $E_+ > E_{\max} + \Gamma_0$ $(\Gamma_0 = \Gamma(t_0))$ を満たす定数，$E_{\max}$ は $\hat{H}_0$ の最大固有値である．このとき，$\{\hat{\sigma}_i^z\}$ を対角化する表示で行列 $E_+ - \hat{H}(t)$ の各成分は非負である．

ところで，任意のスピン状態（$\{\hat{\sigma}_i^z\}$ の確定状態）から別の任意のスピン状態へはせいぜい N 個のスピンを反転させることによって到達できるから，$\hat{M}$ の各成分（ある状態から別の状態への遷移の確率）は正である．よって $\hat{M}$ は Hopf の定理の条件を満たす．

$t > t_0$ で $\Gamma(t) < \Gamma(t_0)$ ゆえ，$E_+ - \hat{H}(t)$ のすべての対角成分はどの非ゼロの非対角要素より大きい．したがって，$\hat{M}$ の最小行列要素は $E_+ - \hat{H}(t)$ の非対角要素を N 回かけてすべてのスピンを反転する作用に相当するものであり，$N!\Gamma(t)^N$ で与えられる．$N!$ は N 個のスピンの反転の順序のとり方の数に相当している．

一方，$\hat{H}_{\mathrm{TF}}$ を $-N\Gamma_0$ で置き換えると，$\hat{M}$ の最大行列要素が $(E_+ - E_{\min} + N\Gamma_0)^N$ であることがわかる．$E_{\min}$ は $\hat{H}_0$ の最小固有値である．以上より，式 (7.5) の κ は次式を満たす．

$$\kappa \leq \frac{(E_+ - E_{\min} + N\Gamma_0)^N}{N!\Gamma(t)^N} \tag{7.8}$$

Hopf の定理より

$$\left(E_+ - \epsilon_j(t)\right)^N \leq \frac{\kappa - 1}{\kappa + 1}\left(E_+ - \epsilon_0(t)\right)^N \tag{7.9}$$

が成立する．これら 2 つの式より

$$\Delta_j(t) = \epsilon_j(t) - \epsilon_0(t) \geq \frac{2(E_+ - \epsilon_0(t))N!}{N(E_+ - E_{\min} + N\Gamma_0)^N}\Gamma(t)^N$$
$$= A\Gamma(t)^N \tag{7.10}$$

が導かれる．最後は A の定義である．ここで，$\kappa \geq 1$，$N \geq 1$ で成立する次式を使った．

$$1 - \left(\frac{\kappa - 1}{\kappa + 1}\right)^{1/N} \geq \frac{2}{N(\kappa + 1)} \tag{7.11}$$

式 (7.10) の A は N が十分大きいとき，スターリングの公式より

$$A \approx \frac{2\sqrt{2\pi N}(E_+ - \epsilon_0^{\max})}{Ne^N}\left(\frac{N}{E_+ - E_{\min} + N\Gamma_0}\right)^N$$
$$\left(\epsilon_0^{\max} = \max_{t > t_0}\epsilon_0(t)\right) \tag{7.12}$$

となり，N とともに指数関数的に 0 に近づく．式 (7.6) と式 (7.10) を断熱条件式 (7.2) に入れると

$$-\frac{N}{A^2\Gamma(t)^{2N}}\frac{d\Gamma}{dt} = \delta \ll 1 \tag{7.13}$$

これを解くと定理 2 の $\Gamma(t)$ の関数形が得られる．（**証明終**）

7.2　古典アルゴリズムとの比較

　9 章で詳しく説明するように，横磁場イジング模型の性質を古典コンピュータでシミュレートするときは，横磁場イジング模型の分配関数を鈴木・トロッタ分解により 1 次元高い次元での通常のイジング模型で表現する [28]．量子モンテカルロ法と呼ばれる古典アルゴリズムである．量子モンテカルロ法は本来は熱平衡状態を調べるための方法であるが，横磁場 $\Gamma(t)$ を時間 t とともに変化させるときの量子アニーリングの古典的なシミュレーション法としても使われている．ここで注意しなければならないのは，量子モンテカルロ法で出てくる時間変数 t はモンテカルロシミュレーションにおける確率過程の時間（具体的にはモンテカルロ・ステップ数）であり，元の量子アニーリングの計算過程の時間（シュレディンガー方程式に現れる実際の物理的時間 t）とは違うものだということである．したがって，量子モンテカルロ法による量子アニーリングのシミュレーションは，$\Gamma(t)$ を断熱条件を満たす極めて遅い時間変化に限定しない限り，本来の量子アニーリングのダイナミクスを追う計算とは別物である．正しくシミュレートするにはシュレディンガー方程式を直接解くしかなく，それは系の大きさ N が 45 程度を超えると現在の古典コンピュータではほぼ不可能になる．2^N 個の連立方程式を解かねばならないからである．D-Wave マシンのような専用の量子デバイスを用いるしかない．

　古典アルゴリズムの開発という観点からすると，必ずしも通常の鈴木・トロッタ分解による量子モンテカルロ法やその連続時間版 [55] にこだわる必要はない．例えば，鈴木・トロッタ分解では虚時間方向（トロッタ軸方向）には周期境界条件が課されるが，自由境界条件にした方が最適化問題の古典アルゴリズムとしては優れているという主張もある [48]．

　こうした留意点があるにもかかわらず量子モンテカルロ法による量子アニーリングの研究が盛んに行われているのは，量子アニーリングの性質をある程度反映した古典アルゴリズムとして興味深いからである．$\Gamma(t)$ の変化が必ずしも

断熱条件を満たすほどゆっくりでなくても，本来の量子アニーリングとは似ても似つかぬ振る舞いまではしないだろうという期待がある．

この期待には根拠がないわけではない．量子モンテカルロ法で温度変数をかなり低い値に保って $\Gamma(t)$ を変化させていくとき，$t \to \infty$ での正しい平衡分布（低温でのギブス・ボルツマン分布）に確率過程が収束するための条件として

$$\Gamma(t) \geq \frac{P}{\beta}(t+2)^{-2/(RL_1)} \tag{7.14}$$

が導かれている．証明は，非一様マルコフ過程の理論を応用する，かなり長い論証なのでここでは省略する [56]．ここで，P は鈴木・トロッタ分解のトロッタ数，β は逆温度，RL_1 は $\mathcal{O}(N)$ の定数，t は確率過程の経過時間（モンテカルロ・ステップ数に相当）である．

式 (7.14) は t のべき減衰を示しており，そのべきが N の逆数に比例しているという点で定理 2 の式 (7.3) と似ている．まったく同じではないが，類似の時間制御により収束が保証される．式 (7.3) の t と式 (7.6) の t は意味がまったく異なることを考慮すると，この共通性は興味深い．

また，量子アニーリングで 1 次の量子相転移が生じる組み合わせ最適化問題において，本来の量子アニーリングで量子トンネル効果で解に行き着く確率と，古典コンピュータ上での量子モンテカルロ法で解が求められる確率が類似の振る舞いをするという結果も報告されている [48]．

古典アルゴリズムである量子モンテカルロ法が本来の量子アニーリングを効率よくシミュレートできるかどうかは重要な問題で，もしそのとおりなら D-Wave マシンのような専用デバイスをわざわざ開発する意義が希薄になる．量子モンテカルロ法が量子アニーリングを効率よくシミュレートできない例も提出されており [57–59]，活発な研究が続いている．

量子ゆらぎを利用する量子アニーリングに対応して，熱ゆらぎを表す古典的な確率過程で最適解を探索するのがシミュレーテッド・アニーリングである．通常のイジング模型のシミュレーションで，温度を時間（モンテカルロ・ステップ数）の関数として高温から徐々に下げていって最後に 0 にしていく．シミュレーテッド・アニーリングに関しても，温度をどのくらいゆっくり下げていけば $t \to \infty$ で正しい解に収束するかという基準が知られている．どんなイジン

グ模型であっても

$$T(t) \geq \frac{aN}{\log(\alpha t + 1)} \quad (\exists\, a > 0,\ \alpha > 0) \tag{7.15}$$

を満たせば十分であることが示されている [60].

　ところで，横磁場イジング模型における Γ は，古典イジング模型における T と似た役割を果たすことが，ある種の問題に対しては知られている [61]．この類似性がある程度一般性を持つとすると，量子アニーリングにおける収束条件式 (7.3) とシミュレーテッド・アニーリングにおける対応する条件式 (7.15) を比較することが興味の対象となる．N を大きいが有限の値に固定して $t \to \infty$ の極限をとるとき，式 (7.3) の $\Gamma(t)$ は t のべき $t^{-1/2N}$ で減衰するのに対して，式 (7.15) の $T(t)$ は対数の逆数 $N/\log t$ で減衰する．前者の方が後者より減衰の仕方がずっと速いという意味で，量子アニーリングの方が古典的なシミュレーテッド・アニーリングより収束性がよいという見方もできる．

　ただし，このような見解は十分な慎重さを持って捉えられなければならない．現実の計算においては $t \to \infty$ まで待たずに有限の時間で終わりにする．式 (7.3) や式 (7.15) に従って $\Gamma(t)$ や $T(t)$ を減衰させていったとき，これらのパラメータが小さいが 0 でない値 ϵ に達するまでの時間を評価してみよう．

　まず，式 (7.3) で $\Gamma(t) = \epsilon$ とおいて t について解くと

$$t \propto \exp\left(a|\log \epsilon|N\right) \quad (\exists\, a > 0) \tag{7.16}$$

となる．式 (7.15) でも同様に $T(t) = \epsilon$ とすると

$$t \propto \exp\left(\frac{b}{\epsilon}N\right) \quad (\exists\, b > 0) \tag{7.17}$$

である．これらはいずれも N の指数関数である．量子アニーリングを用いたからといって古典的なシミュレーテッド・アニーリングで指数的な時間がかかる問題が多項式時間に落ちるわけではない．しかしながら，指数の肩の N の係数の ϵ 依存性に着目すると，量子アニーリングでは $|\log \epsilon|$ だが，シミュレーテッド・アニーリングでは $1/\epsilon$ になっている．$0 < \epsilon \ll 1$ のとき $|\log \epsilon| \ll 1/\epsilon$ だから，指数の肩の係数に関しては量子アニーリングの方がずっと小さくなってい

ることがわかる.

　以上の議論は任意のイジング模型について成立する一般的なものである. 最悪評価と言われる解析であり, どんなに難しい問題であっても式 (7.3) に従って Γ を減衰させていけば $t \to \infty$ の極限において基底状態以外の確率が十分小さくできることを意味している. 個別の問題を実際解くにあたっては, 有限の時間で $\Gamma \to 0$ とするし, シミュレーテッド・アニーリングの $T(t)$ も同様である. 理論的な限界の式 (7.3) を実際の計算で使うことはない. しかしながら, 最悪の場合についても漸近的には収束の保証があるというのは心強いことではある.

第8章 量子ゲート模型との等価性

量子アニーリングは量子ゲート模型（量子回路模型）とは一見異なる量子計算の枠組みである．しかしながら，量子アニーリングを断熱条件下で実行する量子断熱計算でできることは量子ゲート模型でも同等の効率で実行可能であり，その逆も正しいことがわかっている．ただし，この等価性が成立するためには，量子アニーリングを横磁場イジング模型より広いクラスの模型に拡張する必要がある．さらに，この拡張をうまく利用すると，問題によっては拡張前に比べて量子アニーリングが大幅に高速化される例があることもわかっている．

原理的，理論的には等価だとはいえ，以後の議論を見れば明らかなとおり量子ゲート模型用に開発されたアルゴリズムを量子アニーリング用に翻訳するとひどく煩雑になり，現実のデバイス上では実行が難しい場合が多い．興味深いことに逆は比較的敷居が低く，実際，ごく小規模ながらこの方向に沿った試みの第一歩が報告されている [62]．とはいえ，ハードウェアを製作する技術上の問題は2つの方式で大きく異なるので[1]，片方だけを作ればそれで終わりというわけにはなかなか行かない．それぞれの特性に応じた個別の研究が必要である．いずれにしても，原理的に等価であることが示されていること自体が興味深い事実であり，今後予期せぬ発展の足がかりになる可能性を秘めている．

---

[1] 超伝導技術を使う場合，量子アニーリングでは，各量子ビットが直接相互作用する相手の量子ビット数の制約の緩和や，本章で述べる非疑似古典確率性を実現する回路のS/N比の向上などが課題である．量子ゲート模型では，例えば，各量子ビットを個別に高周波信号で精密に制御するための技術開発などが求められる．

8.1　量子ゲート模型が量子アニーリングを効率よくシミュレートできること

量子アニーリングの計算プロセスもシュレディンガー方程式に従う量子力学的なダイナミクスのひとつであり，量子ゲート模型が量子ダイナミクスを効率よくシミュレートできるという一般論 [63] の範疇で捉えることができる．しかしながら，具体的なシミュレーションの手順を見ることにより理解が深まる．以下は文献 [64] に沿った解説である．

横磁場イジング模型で次のような時間依存性を設定する．

$$\hat{H}(t) = \frac{t}{\tau}\hat{H}_0 + \left(1 - \frac{t}{\tau}\right)\hat{H}_{\mathrm{TF}} \tag{8.1}$$

$$\hat{H}_0 = -\sum_{i<j} J_{ij}\hat{\sigma}_i^z\hat{\sigma}_j^z, \quad \hat{H}_{\mathrm{TF}} = -\sum_{i=1}^{N}\hat{\sigma}_i^x \tag{8.2}$$

状態を表すベクトルの時間発展を記述するユニタリ演算子を $\hat{U}$ とする[2]．

$$|\Psi(\tau)\rangle = \hat{U}(\tau,0)|\Psi(0)\rangle \tag{8.3}$$

$$\hat{U}(\tau,0) = \mathrm{T}\exp\left(-i\int_0^\tau \hat{H}(t)dt\right) \tag{8.4}$$

T は時間順序積を表す[3]．量子ゲート模型による量子シミュレーションの基本は，全体の計算時間 τ を小さな区間 Δt に分け，その中では $\hat{H}(t)$ が t によらない（一定である）と見なす近似である．

$$\hat{U}(\tau,0) = \hat{U}(\tau,\tau-\Delta t)\hat{U}(\tau-\Delta t,\tau-2\Delta t)\cdots\hat{U}(\Delta t,0) \tag{8.5}$$

$$\hat{U}\big((l+1)\Delta t, l\Delta t\big) \approx e^{-i\Delta t\hat{H}(l\Delta t)} \tag{8.6}$$

τ の分割数を M とすると $M = \tau/\Delta t$ である．式 (8.6) は $t = l\Delta t$ から $(l+1)\Delta t$ の間は $\hat{H}(t)$ が一定であると見なしている近似であり，この間の $\hat{H}(t)$ の変化が

---

[2] 式 (8.3) と式 (8.4) はシュレディンガー方程式の解になっていることが知られている．量子力学の教科書を参照．

[3] 時間順序積になじみのない読者も，式 (8.5) および式 (8.6) を見るとその意味がおおよそわかるだろう．

十分小さければ正当化される. 式 (8.5) では式 (8.6) の近似が M 回使われている. そこで, 式 (8.6) が十分よい精度で成立する条件は

$$\Delta t\|\hat{H}(t_1) - \hat{H}(t_2)\|M \ll 1 \quad \left(t_1, t_2 \in (l\Delta t, (l+1)\Delta t)\right) \ (\forall l \geq 0) \tag{8.7}$$

となる. 式 (8.2) より

$$\begin{aligned}\|\hat{H}(t_1) - \hat{H}(t_2)\| &= \frac{|t_1 - t_2|}{\tau}\|\hat{H}_0 - \hat{H}_{\mathrm{TF}}\| \\ &\leq \frac{\Delta t}{\tau}\|\hat{H}_0 - \hat{H}_{\mathrm{TF}}\| = \frac{1}{M}\|\hat{H}_0 - \hat{H}_{\mathrm{TF}}\|\end{aligned} \tag{8.8}$$

だから, 式 (8.7) より

$$\Delta t\|\hat{H}_0 - \hat{H}_{\mathrm{TF}}\| \ll 1 \tag{8.9}$$

である. これより

$$M = \frac{\tau}{\Delta t} \gg \tau\|\hat{H}_0 - \hat{H}_{\mathrm{TF}}\| \tag{8.10}$$

ここで $\|\hat{H}_0 - \hat{H}_{\mathrm{TF}}\| = \mathcal{O}(N)$ である. 式 (8.5) より, $\hat{U}((l+1)\Delta t, l\Delta t)$ が作用する数は M であり, 式 (8.10) よりこの M は τ に $\mathcal{O}(N)$ の大きさの数をかけたものより十分大きければよい. 十分大きいという条件は $\mathcal{O}(N^2), \mathcal{O}(N^3)$ などで満たされる. 式 (8.5) で演算 U が作用する回数 M は N の多項式程度ということである.

各微小時間区間 $(l\Delta t, (l+1)\Delta t)$ で式 (8.6) を実行するには $\hat{H}$ を $\hat{H}_0$ と $\hat{H}_{\mathrm{TF}}$ に分けて鈴木・トロッタ分解し [4)]

$$e^{-i\Delta t\,\hat{H}(l\Delta t)} \approx \left(e^{-i\Delta t\,u\hat{H}_0/K}e^{-i\Delta t\,v\hat{H}_{\mathrm{TF}}/K}\right)^K \tag{8.11}$$

$$u = 1 - \frac{l\Delta t}{\tau}, \ v = \frac{l\Delta t}{\tau} \tag{8.12}$$

とする. この近似が十分よい精度で成立するためには, 右辺の指数関数をテーラー展開した 2 次の項が十分小さければよい. 式 (8.5) では式 (8.11) を M 回繰り返すことを考慮して

$$M\frac{(\Delta t)^2}{K^2}\left(\|\hat{H}_0\| + \|\hat{H}_{\mathrm{TF}}\|\right)^2 K \ll 1 \tag{8.13}$$

---

4) 9 章で詳しく説明する.

つまり

$$K \gg M(\Delta t)^2 \mathcal{O}(N^2) \tag{8.14}$$

が十分条件となる．K は N の適切な次数の多項式であればよいということである．さらに，式 (8.11) の各項 $e^{-i\Delta t u \hat{H}_0/K}$ および $e^{-i\Delta t v \hat{H}_{\text{TF}}/K}$ の $\hat{H}_0$ と $\hat{H}_{\text{TF}}$ は 1 体あるいは 2 体の可換な演算子の $\mathcal{O}(N^a)$ $(a > 1)$ 程度の個数の和だから，これらのユニタリ演算はせいぜい 2 量子ビットに作用するユニタリ演算の $\mathcal{O}(N^a)$ 回の繰り返しとなる．

　以上より，$\hat{U}(\tau,0)$ を式 (8.5), (8.6), (8.11) に分解して実行するプロセスは N の多項式の数のゲート演算により十分よい精度で実行可能なので，量子アニーリングは量子ゲート模型で効率よくシミュレートできる．

　以上の議論では，量子アニーリングにおいて断熱性は要求していない．また，$\hat{H}$ を構成する $\hat{H}_0$ がイジング模型ということや $\hat{H}_{\text{TF}}$ が横磁場だということはあらわに使っていない．それぞれの項が 1 体ないし 2 体などの局所的可換演算子の和から成ることだけが必要であり，したがって横磁場イジング模型より広い範囲のハミルトニアンに適用できる．

8.2　拡張された量子アニーリングが量子ゲート模型を効率よくシミュレートできること

　次は逆方向の話である [35,65]．量子回路への入力は n 量子ビットが 0 にセットされた状態

$$|\alpha(0)\rangle = |000\cdots 0\rangle \tag{8.15}$$

であるとする．$|\alpha(0)\rangle$ に L 個のユニタリ演算（ゲート）$\hat{U}_1, \hat{U}_2, \ldots, \hat{U}_L$ を次々に作用させて計算を実行する．

$$|\alpha(l+1)\rangle = \hat{U}_{l+1}|\alpha(l)\rangle \qquad (l = 0, 1, 2, \ldots, L-1) \tag{8.16}$$

計算の進行を記録するクロックレジスタを導入し，その状態が第 l ステップで $|1^l 0^{L-l}\rangle_{\text{c}}$ になっているとする．1^l は 1 が l 個並んだ状態，0^{L-l} は 0 が $L-l$ 個並んだ状態である．$|\alpha(l)\rangle$ とクロックレジスタの直積の線形結合を $|\eta\rangle$ とする．

$$|\eta\rangle = \frac{1}{\sqrt{L+1}} \sum_{l=0}^{L} |\gamma(l)\rangle, \quad |\gamma(l)\rangle = |\alpha(l)\rangle \otimes |1^l 0^{L-l}\rangle_{\mathrm{c}} \tag{8.17}$$

対応する量子アニーリングが $|\gamma(0)\rangle$ を初期状態とし，$|\eta\rangle$ を最終状態とするようハミルトニアンを設計する．$|\eta\rangle$ の中には量子回路の最終出力 $|\alpha(L)\rangle$ が L の多項式に逆比例する確率で含まれている．さらに，部分的にではあるが後で示すように，ハミルトニアンのエネルギーギャップはせいぜい L の多項式に逆比例して 0 に近づくので，計算時間は L の多項式程度である．したがって，量子アニーリングは量子回路を効率よくシミュレートできる．

　以上の論理を精密に検証するために，演算子をいくつか導入する．

$$\hat{H}_{\mathrm{init}} = \hat{H}_{\mathrm{c-init}} + \hat{H}_{\mathrm{input}} + \hat{H}_{\mathrm{c}} \tag{8.18}$$

$$\hat{H}_{\mathrm{final}} = \frac{1}{2}\hat{H}_{\mathrm{circuit}} + \hat{H}_{\mathrm{input}} + \hat{H}_{\mathrm{c}} \tag{8.19}$$

$$\hat{H}_{\mathrm{circuit}} = \sum_{l=1}^{L} \hat{H}_l \tag{8.20}$$

全体のハミルトニアンはこれらから構成される．

$$\hat{H}(s) = (1-s)\hat{H}_{\mathrm{init}} + s\hat{H}_{\mathrm{final}} \tag{8.21}$$

$s=0$ での $\hat{H}_{\mathrm{init}}$ から $s=1$ での $\hat{H}_{\mathrm{final}}$ まで，$\hat{H}(s)$ はゆっくりと断熱的に変化する．上の式に出てくる各項は次のように定義される．

1.
$$\hat{H}_{\mathrm{c}} = \sum_{l=1}^{L-1} |0_l 1_{l+1}\rangle_{\mathrm{c}} \langle 0_l 1_{l+1}| \tag{8.22}$$

　$|0_l 1_{l+1}\rangle_{\mathrm{c}}$ はクロックレジスタの l 番目が 0 で $l+1$ 番目が 1 の状態である．クロックレジスタの正しい状態式 (8.17) では 0 の右に 1 がくることはないので，式 (8.22) が正しい状態に作用すると 0，クロックレジスタが l と $l+1$ 番目で誤っていると 1 を与える．正しいクロックレジスタの状態が基底状態を与える．

2.
$$\hat{H}_{\mathrm{c-init}} = |1_1\rangle_{\mathrm{c}} \langle 1_1| \tag{8.23}$$

　クロックレジスタの最初の（最も左の）ビットは初期状態 ($l=0$) では 0

なので，$\hat{H}_{\mathrm{c-init}}$ は誤った初期状態に 1，正しい状態に 0（基底状態）を与える．

3.
$$\hat{H}_{\mathrm{input}} = \sum_{i=1}^{n} |1_i\rangle\langle 1_i| \otimes |0_1\rangle_{\mathrm{c}}\langle 0_1| \tag{8.24}$$

初期状態で，計算に使用する量子ビットがすべて 0（正しい状態）だと 0，そうでないと 1 を与える．

4.
$$\hat{H}_1 = \mathbb{1} \otimes |0_1 0_2\rangle_{\mathrm{c}}\langle 0_1 0_2| - \hat{U}_1 \otimes |1_1 0_2\rangle_{\mathrm{c}}\langle 0_1 0_2|$$
$$- \hat{U}_1^\dagger \otimes |0_1 0_2\rangle_{\mathrm{c}}\langle 1_1 0_2| + \mathbb{1} \otimes |1_1 0_2\rangle_{\mathrm{c}}\langle 1_1 0_2| \tag{8.25}$$

$$\hat{H}_l = \mathbb{1} \otimes |1_{l-1} 0_l 0_{l+1}\rangle_{\mathrm{c}}\langle 1_{l-1} 0_l 0_{l+1}| - \hat{U}_l \otimes |1_{l-1} 1_l 0_{l+1}\rangle_{\mathrm{c}}\langle 1_{l-1} 0_l 0_{l+1}|$$
$$- \hat{U}_l^\dagger \otimes |1_{l-1} 0_l 0_{l+1}\rangle_{\mathrm{c}}\langle 1_{l-1} 1_l 0_{l+1}| + \mathbb{1} \otimes |1_{l-1} 1_l 0_{l+1}\rangle_{\mathrm{c}}\langle 1_{l-1} 1_l 0_{l+1}|$$
$$(l = 2, 3, \ldots, L-1) \tag{8.26}$$

$$\hat{H}_L = \mathbb{1} \otimes |1_{L-1} 0_L\rangle_{\mathrm{c}}\langle 1_{L-1} 0_L| - \hat{U}_L \otimes |1_{L-1} 1_L\rangle_{\mathrm{c}}\langle 1_{L-1} 0_L|$$
$$- \hat{U}_L^\dagger \otimes |1_{L-1} 0_L\rangle_{\mathrm{c}}\langle 1_{L-1} 1_L| + \mathbb{1} \otimes |1_{L-1} 1_L\rangle_{\mathrm{c}}\langle 1_{L-1} 1_L| \tag{8.27}$$

これらが量子回路での $\hat{U}_1, \hat{U}_2, \ldots, \hat{U}_L$ に相当する．これらの作用を見るために，$\hat{H}_1$ を $|\alpha(0)\rangle|0_1 0_2\rangle_{\mathrm{c}}$ と $|\alpha(1)\rangle|1_1 0_2\rangle_{\mathrm{c}}$ に作用させてみよう．

$$\hat{H}_1|\alpha(0)\rangle|0_1 0_2\rangle_{\mathrm{c}} = |\alpha(0)\rangle|0_1 0_2\rangle_{\mathrm{c}} - \hat{U}_1|\alpha(0)\rangle|1_1 0_2\rangle_{\mathrm{c}} \tag{8.28}$$

$$\hat{H}_1|\alpha(1)\rangle|1_1 0_2\rangle_{\mathrm{c}} = \Big(-\hat{U}_1^\dagger|0_1 0_2\rangle_{\mathrm{c}}\langle 1_1 0_2| + |1_1 0_2\rangle_{\mathrm{c}}\langle 1_1 0_2| \Big)\hat{U}_1 \otimes |\alpha(0)\rangle|1_1 0_2\rangle_{\mathrm{c}}$$
$$= -|\alpha(0)\rangle|0_1 0_2\rangle_{\mathrm{c}} + \hat{U}_1|\alpha(0)\rangle|1_1 0_2\rangle_{\mathrm{c}} \tag{8.29}$$

よって

$$\hat{H}_1\Big(|\alpha(0)\rangle|0_1 0_2\rangle_{\mathrm{c}} + |\alpha(1)\rangle|1_1 0_2\rangle_{\mathrm{c}} \Big) = 0 \tag{8.30}$$

同様にして，$|\eta\rangle$ が $\hat{H}_{\mathrm{circuit}}$ の固有値 0 の固有状態であることが確かめられる．

$\hat{H}_{\mathrm{init}}$ は射影演算子の和だから，固有値 0 の固有状態 $|\gamma(0)\rangle$ が基底状態である．$|\gamma(0)\rangle$ は容易に準備できる単純な状態であり，量子アニーリングの初期状態としてふさわしい．

$\hat{H}_{\mathrm{final}}$ についても同様に，$|\eta\rangle$ が固有値 0 の固有状態である．式 (8.19) の $\hat{H}_{\mathrm{final}}$

を構成する項のうち，$\hat{H}_{\text{input}}$ と $\hat{H}_c$ は射影演算子である．$\hat{H}_l$ については，

$$\hat{H}_l = \hat{H}_l^{\dagger} = \frac{1}{2}\hat{H}_l^2 \tag{8.31}$$

より，任意の $|X\rangle$ に対して

$$\langle X|\hat{H}_l|X\rangle = \frac{1}{2}\langle X|\hat{H}_l^{\dagger}\hat{H}_l|X\rangle = \frac{1}{2}\||\hat{H}_l|X\rangle\|^2 \geq 0 \tag{8.32}$$

ゆえ，$\hat{H}_l$ は各成分が非負の行列である．よって $|\eta\rangle$ は基底状態になっている．

$\{|\gamma(l)\rangle\}_l$ で張られる空間を S_0 とすると，系の状態は S_0 の中で時間発展する．この後で部分的な証明を示すが，$\hat{H}(s)$ の S_0 の中でのエネルギーギャップは有限（非ゼロ）か，せいぜい L の多項式に比例して 0 に近づく．以上より，$\hat{H}(s)$ で規定される量子アニーリング（量子断熱計算）は量子回路模型を効率よくシミュレートできる．

最後に，$\hat{H}(s)$ のエネルギーギャップの下限の評価を $s < \frac{1}{3}$ の場合について述べる．$s > \frac{1}{3}$ のときはかなり長い議論を展開しなければならないので，最初に挙げた原論文に譲る．

S_0 において $\hat{H}(s)$ を構成する各項の作用は次のとおりである．

$$\hat{H}_c|\gamma(l)\rangle = 0 \tag{8.33}$$

$$\hat{H}_{\text{input}}|\gamma(l)\rangle = 0 \tag{8.34}$$

$$\hat{H}_{c-\text{init}}|\gamma(l)\rangle = 0 \ (l = 0), \ |\gamma(l)\rangle \ (l \neq 0) \tag{8.35}$$

$$\hat{H}_l|\gamma(l')\rangle = \delta_{l',l-1}\big(|\gamma(l-1)\rangle - |\gamma(l)\rangle\big) + \delta_{l',l}\big(|\gamma(l)\rangle - |\gamma(l-1)\rangle\big) \tag{8.36}$$

よって $\hat{H}(s)$ の行列表示は次のとおりである．

$$\hat{H}(s) = (1-s) \begin{pmatrix} 0 & 0 & 0 & \cdots & & 0 \\ 0 & 1 & 0 & \cdots & & 0 \\ 0 & 0 & 1 & 0 & \cdots & 0 \\ \vdots & \vdots & & & & \vdots \\ 0 & & \cdots & & 0 & 1 \end{pmatrix}$$

$$+ s \begin{pmatrix} \frac{1}{2} & -\frac{1}{2} & 0 & \cdots & 0 & 0 \\ -\frac{1}{2} & 1 & -\frac{1}{2} & 0 & \cdots & 0 \\ 0 & -\frac{1}{2} & 1 & -\frac{1}{2} & \cdots & 0 \\ \vdots & \vdots & \ddots & \ddots & \ddots & \vdots \\ & & & -\frac{1}{2} & 1 & -\frac{1}{2} \\ 0 & & \cdots & & -\frac{1}{2} & \frac{1}{2} \end{pmatrix} \tag{8.37}$$

$s < \frac{1}{3}$ でのギャップの下限を評価するために次の定理を使う.

定理 4. $\{a_{ij}\}$ を要素とする行列 $\hat{A}$ の固有値は次の性質を持つ. 複素平面上で a_{ii} を中心とする円

$$D_i = \left\{ z \;\middle|\; |z - a_{ii}| \leq \sum_{j \neq i} |a_{ij}| \right\} \tag{8.38}$$

の共通部分 $\cup_i D_i$ に $\hat{A}$ の固有値はすべて含まれる. $\cup_i D_i$ の任意の連結成分 C を構成している D_i の数を b とすると, C の中に含まれる $\hat{A}$ の固有値の数は b である.

　この定理を $\hat{H}(s)$ に適用するために, $\hat{H}(s)$ の行列要素を評価する. $s < \frac{1}{3}$ のとき

$$[\hat{H}(s)]_{11} = \frac{s}{2} < \frac{1}{6}, \quad \sum_{j \neq 1} |a_{1j}| = \frac{s}{2} < \frac{1}{6} \tag{8.39}$$

$$[\hat{H}(s)]_{L+1,L+1} = 1 - \frac{s}{2} > \frac{5}{6}, \quad \sum_{j \neq L+1} |a_{L+1,j}| = \frac{s}{2} < \frac{1}{3} \tag{8.40}$$

$$[\hat{H}(s)]_{ii} = 1 \; (i \neq 1, L+1), \quad \sum_{j \neq i} |a_{ij}| = s < \frac{1}{3} \tag{8.41}$$

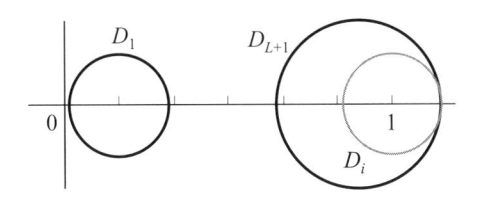

図 **8.1** D_1 は他の D_i とは共通部分を持たない.

これらより，D_1 は $z \le \frac{1}{6}$ に中心があり半径は $\frac{1}{6}$ 以下である．D_1 に最も近いのは D_{L+1} であり，中心は $\frac{5}{6}$ より右で半径は $\frac{1}{3}$ 以下である．他の D_i は中心が 1 で半径が $\frac{1}{3}$ 以下である（図 8.1）．D_1 は孤立していて $|z|$ が最小の領域にあるから，最小固有値は D_1 の中にある．他の固有値を含む $D_2, D_3, \dots, D_{L+1}$ は D_1 と重なりがないから，エネルギーギャップは有限である．（**証明終**）

8.3　スピン模型での表現およびユニバーサリティ

前節で出てきた $\hat{H}(s)$ の各項はパウリ行列（スピン演算子）で表すことができる．論理変数 0 を $\hat{\sigma}^z$ の固有状態 $|\uparrow\rangle$（あるいは $|1\rangle$），論理変数の 1 を $|\downarrow\rangle$（あるいは $|-1\rangle$）に対応させる．

$$0_{\text{binary}} \Leftrightarrow |\uparrow\rangle_{\text{spin}} = |1\rangle_{\text{spin}}, \quad 1_{\text{binary}} \Leftrightarrow |\downarrow\rangle_{\text{spin}} = |-1\rangle_{\text{spin}} \tag{8.42}$$

このとき $\hat{H}(s)$ の各項は次のように表される．

1.
$$\hat{H}_{\text{c}} = \sum_{l=1}^{L-1} |0_l 1_{l+1}\rangle_{\text{c}}\langle 0_l 1_{l+1}| \Longleftrightarrow \sum_{l=1}^{L-1} \frac{1+\hat{\sigma}_l^z}{2}\frac{1-\hat{\sigma}_{l+1}^z}{2} \tag{8.43}$$

クロックレジスタの l ビット目が 0（$|\uparrow\rangle_l$）で，$l+1$ ビット目が 1（$|\downarrow\rangle_{l+1}$）のときだけ 1 になる．

2.
$$\hat{H}_{\text{c-init}} = |1_1\rangle_{\text{c}}\langle 1_1| \Longleftrightarrow \frac{1}{2}(1-\hat{\sigma}_1^z) \tag{8.44}$$

3.
$$\hat{H}_{\text{input}} = \sum_{i=1}^{n} |1_i\rangle\langle 1_i| \otimes |0_1\rangle_{\text{c}}\langle 0_1| \Longleftrightarrow \frac{1}{4}\sum_{i=1}^{n}(1-\hat{\sigma}_i^z) \otimes (1+\hat{\sigma}_1^z) \tag{8.45}$$

ここで，積 $\otimes$ の左の $\hat{\sigma}_i^z$ は論理演算のビット i に作用し，右の $\hat{\sigma}_1^z$ はクロッ

クレジスタに作用する.

4. 2量子ビット i, j に作用する演算子

$$\frac{1}{2}(1 + \hat{\sigma}_i^z) + \frac{1}{2}(1 - \hat{\sigma}_i^z)\hat{\sigma}_j^x \tag{8.46}$$

と 1 量子ビットの演算子 $\hat{\sigma}_i^x \sin\phi + \hat{\sigma}_i^z \cos\phi$ および $\hat{\sigma}_i^x$ を使って任意の量子計算が表せる(ユニバーサルである)ことがわかっている [66]. $\hat{H}_l$ に出てくる $\hat{U}_l (= \hat{U}_l^{-1} = \hat{U}_l^\dagger)$ をこれらの演算子で置き換え,クロックレジスタへの作用をスピン表現すると

$$\hat{H}_l = \mathbb{1} \otimes \frac{1}{4}(1 - \hat{\sigma}_{l-1}^z)(1 + \hat{\sigma}_{l+1}^z) - \frac{\hat{U}_l}{4} \otimes (1 - \hat{\sigma}_{l-1}^z)\hat{\sigma}_l^x(1 + \hat{\sigma}_{l+1}^z) \tag{8.47}$$

と,最大 5 体相互作用のハミルトニアンになる.$\hat{H}_1$ と $\hat{H}_L$ については上式の $\frac{1}{2}(1 - \hat{\sigma}_{l-1}^z)$ あるいは $\frac{1}{2}(1 + \hat{\sigma}_{l+1}^z)$ を省略すればよい.

以上より,適切な形の 5 体相互作用を持つハミルトニアンがユニバーサルであることがわかった.NP 完全性に対応する概念である QMA 完全であることもわかっている [67].

さらに,基底状態について,次の 2 体相互作用のハミルトニアンが 5 体相互作用のハミルトニアンを十分よい精度で近似できることが示されている [66].

$$\hat{H} = -\sum_i h_i\hat{\sigma}_i^z - \sum_i \Gamma_i\hat{\sigma}_i^x - \sum_{i<j} J_{ij}\hat{\sigma}_i^z\hat{\sigma}_j^z - \sum_{i<j} K_{ij}\hat{\sigma}_i^x\hat{\sigma}_j^x \tag{8.48}$$

つまり,このハミルトニアンはユニバーサルかつ QMA である.式 (8.48) の各係数を適切に制御すれば,原理的には任意の量子計算が実行できる.最後の項がこれまで扱ってきた横磁場イジング模型にはない新しい項である.横磁場イジング模型にこの項を付け加えることによって,量子アニーリング(量子断熱計算)は任意の量子計算を実行できるようになる.

8.4　非疑似古典確率的ハミルトニアンによる指数関数的な高速化

式 (8.48) にはもうひとつ注目すべき特徴がある.このハミルトニアンには

$\hat{\sigma}_i^x \hat{\sigma}_j^x$ の項 (XX 項) が任意の係数 K_{ij} で含まれており，$\{\hat{\sigma}_i^z\}$ を対角化する行列表示では，非対角項の符号が一般には半負定値でない．このような性質を持つハミルトニアンを古典コンピュータ上で量子モンテカルロ法によりシミュレートすることを考えてみよう．9 章で説明するように，シミュレーションを実行するために鈴木・トロッタ分解を用いると出現する局所的な相互作用に相当するボルツマン因子

$$\langle \sigma | e^{\beta K_{ij} \hat{\sigma}_i^x \hat{\sigma}_j^x} | \sigma' \rangle \tag{8.49}$$

を計算すると，K_{ij} の各成分が非負でないときには，正と負の両方の符号を持つことがわかる．多くの場合，この両符号の項が打ち消しあってシミュレーションの効率が大幅に低下して実質的に計算不可能となる．これは負符号問題と呼ばれている．横磁場イジング模型に任意符号の XX 項を入れるとユニバーサルかつ QMA になるが，同時に，古典的なシミュレーションが普通の方法では実質不可能になるのは大変興味深い．

適切な表現基底（通常は $\{\hat{\sigma}_i^z\}$ を対角化する基底）による行列表示で非対角要素が半負定値になるとき，そのハミルトニアンは疑似古典確率的であると呼ばれる [5]．これに対して，非対角要素が半負定値でないものは非疑似古典確率的であると呼ばれ，負符号問題のため古典的にシミュレートすることが一般には難しい．このため，非疑似古典確率的なハミルトニアンは本質的な量子効果を含んでいると見ることもできる．また，疑似古典確率的なハミルトニアンの基底状態波動関数は，ペロン・フロベニウスの定理によると振幅（適切な基底での展開係数）がすべて負にならないように表現できる．2 乗の操作を別にすれば，古典的な確率解釈が可能だともいえる．それに対して非疑似古典確率的なハミルトニアンの基底状態波動関数は振幅が一般には任意の複素数をとり，古典的な解釈が困難となる．非疑似古典確率的なハミルトニアンの持つ強い量子性の表れと解釈することができる．量子性を特徴づけるひとつの指標である量子もつれ（エンタングルメント）は疑似古典確率的なハミルトニアンの基底状

---

[5] 確率的という意味の stochastic と量子の quantum を混ぜて stoquastic という名前が付いている [68]．日本語にしづらいが，本書では疑似古典確率的ということにする．Non-stoquastic は非疑似古典確率的と訳すことにする．ただし，これらは本書で初めて導入する訳語なので定着はこれからの課題である．

態でも持ちうるが，振幅が任意の複素数をとることによる干渉効果は非疑似古典確率的な場合でしか出現しえない．

さらに興味深いことに，式 (4.21) のような全結合の多体相互作用を持つイジング模型においては，横磁場イジング模型に正符号の XX 項を全結合で加えて非疑似古典確率的にすると，元々あった 1 次の量子相転移が 2 次転移に変化することが明らかになっている [29, 30, 69–71]．すなわち，1 次の相転移点を通過するために指数時間かかっていたのが，2 次になったために多項式時間に大きく緩和される (指数関数的に高速化される)．強い量子効果の出現と計算の指数関数的な高速化が同時に起きているということである．この話題は現在重要な研究テーマになっており，理論面からだけでなく，制御可能な係数を持つ XX 項を量子アニーリングマシンに実装するための研究開発が D-Wave や米国の国家プロジェクトで集中的に行われている．

なお，京都大学の藤井啓祐氏は最近の論文で注目すべき指摘をしている [6]．読み出しの基底を表現基底とは異なるものにとり直すと，複素数や負の値が出現して量子干渉が現れ，擬似古典確率的ハミルトニアンであっても量子加速が存在する可能性があるとのことである．今後の展開が注目される．

---

[6] K. Fujii, arXiv:1803.09954.

第9章 量子アニーリングの シミュレーション

量子アニーリングは D-Wave マシンのような専用デバイスで実行するのが本来の姿であるが，その特性の一端を通常のコンピュータ上でシミュレートして調べることもできる．本章では，イジング模型に代表される統計力学系のシミュレーションの一般的な導入から始めて，横磁場イジング模型の古典コンピュータ上でのシミュレーション（量子モンテカルロ法）の基礎理論を紹介する．

9.1 マルコフ連鎖モンテカルロ法

まず古典イジング模型のシミュレーションから話を始めよう．モンテカルロ法は，確率的に発生させたイベントを利用して目的とする確率分布に従う乱数を作り出す方法である．以下に述べるマルコフ連鎖をそれに組み合わせることで，目的の確率分布に従う乱数を効率よく発生させる方法がマルコフ連鎖モンテカルロ法である．

マルコフ連鎖と詳細つり合い

状態が確率的に変化する系において，現在の時刻の状態が直前の時刻での状態によってのみ決まるとしよう．直前よりさらに前の時刻の状態の影響は，直前の状態を通して間接的にのみ影響する．このような確率過程をマルコフ過程と呼ぶ．状態が離散的なときのマルコフ過程をマルコフ連鎖という．

マルコフ連鎖において直前の時刻 $n-1$ の状態 σ' が与えられているとき，現在の時刻 n の状態が σ である確率を $M_n(\sigma|\sigma')$ とする．これを遷移確率と呼ぶ．遷移確率の定義により確率分布関数 $P_n(\sigma)$ は以下の式を満たす．

$$P_n(\boldsymbol{\sigma}) = \sum_{\boldsymbol{\sigma}'} M_n(\boldsymbol{\sigma}|\boldsymbol{\sigma}')P_{n-1}(\boldsymbol{\sigma}') \tag{9.1}$$

すべての状態についての和をとると 1 になるという確率の定義 $\sum_{\boldsymbol{\sigma}} P_n(\boldsymbol{\sigma}) = 1$ を用いると，上式の両辺を $\boldsymbol{\sigma}$ について和をとることにより

$$1 = \sum_{\boldsymbol{\sigma},\boldsymbol{\sigma}'} M_n(\boldsymbol{\sigma}|\boldsymbol{\sigma}')P_{n-1}(\boldsymbol{\sigma}') \tag{9.2}$$

が得られる．

　マルコフ連鎖の定常分布 $P_\infty(\boldsymbol{\sigma})$ は上の漸化式 (9.1) の固定点として定義される．

$$P_\infty(\boldsymbol{\sigma}) = \sum_{\boldsymbol{\sigma}'} M_n(\boldsymbol{\sigma}|\boldsymbol{\sigma}')P_\infty(\boldsymbol{\sigma}') \tag{9.3}$$

これをつり合い条件と呼ぶ．ここでマルコフ連鎖の定常分布 $P_\infty(\boldsymbol{\sigma})$ を，ギブス・ボルツマン分布 $P_{\mathrm{GB}}(\boldsymbol{\sigma})$ に設定しよう．

$$P_{\mathrm{GB}}(\boldsymbol{\sigma}) = \frac{1}{Z} \exp\left(-\beta H(\boldsymbol{\sigma})\right) \tag{9.4}$$

ここで Z は分配関数と呼ばれる規格化定数である．記号 β は温度の逆数 $1/T$ であり逆温度と呼ばれる [1]．定常分布としてギブス・ボルツマン分布を持つようにつり合い条件を通して遷移確率を決定する．その遷移確率を利用したマルコフ連鎖を次々に実行して定常分布に到達した際には，状態 $\boldsymbol{\sigma}$ はギブス・ボルツマン分布に従って生成される．これがマルコフ連鎖モンテカルロ法の基本的な考え方である．

　つり合い条件から遷移確率を決定するにはどうしたらよいだろうか．式 (9.3) で定常分布がギブス・ボルツマン分布だとする．

$$P_{\mathrm{GB}}(\boldsymbol{\sigma}) = \sum_{\boldsymbol{\sigma}'} M_n(\boldsymbol{\sigma}|\boldsymbol{\sigma}')P_{\mathrm{GB}}(\boldsymbol{\sigma}') \tag{9.5}$$

この式は和を含むために $M_n(\boldsymbol{\sigma}|\boldsymbol{\sigma}')$ を一意的に決めるには不十分である．そこ

---

[1] ボルツマン定数と呼ばれる定数 k_B がかかった $\beta = 1/(k_B T)$ が本来の定義であるが，物理系の直接的な実験的測定を意識しない場合には $k_B = 1$ として理論を展開することが多い．

で，さらに次の条件（詳細つり合い条件）を課す．

$$M_n(\boldsymbol{\sigma}'|\boldsymbol{\sigma})P_{\mathrm{GB}}(\boldsymbol{\sigma}) = M_n(\boldsymbol{\sigma}|\boldsymbol{\sigma}')P_{\mathrm{GB}}(\boldsymbol{\sigma}') \tag{9.6}$$

次の時刻には何らかの状態に必ず行っているという条件 $\sum_{\boldsymbol{\sigma}'} M_n(\boldsymbol{\sigma}'|\boldsymbol{\sigma}) = 1$ より，上式の両辺で $\boldsymbol{\sigma}'$ について和をとることによりつり合い条件の式 (9.5) が導かれる．したがって，詳細つり合いの式 (9.6) はつり合いの式 (9.5) の十分条件である [2].

メトロポリス法と熱浴法

詳細つり合い条件を課しても，まだ遷移確率は一意的には決まらない．詳細つり合い条件を満たす遷移確率の中でもメトロポリス法と熱浴法がよく使われるので紹介しよう．状態 $\boldsymbol{\sigma}$ におけるエネルギーを $H(\boldsymbol{\sigma})$ として，メトロポリス法の遷移確率は

$$M_n(\boldsymbol{\sigma}|\boldsymbol{\sigma}') = \min\left(1,\ e^{-\beta(H(\boldsymbol{\sigma})-H(\boldsymbol{\sigma}'))}\right) \tag{9.7}$$

である．β は温度の逆数（逆温度）$1/T$ である．この遷移確率式 (9.7) が詳細つり合い条件式 (9.6) を満たしていることを確かめてみる．遷移によりエネルギーが増加する場合 $(H(\boldsymbol{\sigma}) > H(\boldsymbol{\sigma}'))$，式 (9.7) は

$$M_n(\boldsymbol{\sigma}|\boldsymbol{\sigma}') = e^{-\beta(H(\boldsymbol{\sigma})-H(\boldsymbol{\sigma}'))} \tag{9.8}$$

である．一方，$\boldsymbol{\sigma}'$ と $\boldsymbol{\sigma}$ を入れ替えた $M_n(\boldsymbol{\sigma}'|\boldsymbol{\sigma})$ においては $\boldsymbol{\sigma}$ が遷移の前，$\boldsymbol{\sigma}'$ が遷移の後だからエネルギーが下がる $(H(\boldsymbol{\sigma}') < H(\boldsymbol{\sigma}))$ ことになり

$$M_n(\boldsymbol{\sigma}'|\boldsymbol{\sigma}) = 1 \tag{9.9}$$

である．これらの比は

$$\frac{M_n(\boldsymbol{\sigma}|\boldsymbol{\sigma}')}{M_n(\boldsymbol{\sigma}'|\boldsymbol{\sigma})} = e^{-\beta(H(\boldsymbol{\sigma})-H(\boldsymbol{\sigma}'))} = \frac{P_{\mathrm{GB}}(\boldsymbol{\sigma})}{P_{\mathrm{GB}}(\boldsymbol{\sigma}')} \tag{9.10}$$

---

[2] 詳細つり合い条件を課さない方法も存在する．一般に，詳細つり合い条件を課さない方が課した場合に比べて高速に定常分布に収束することが知られている [72].

となる．よって詳細つり合いの式 (9.6) が満たされている．逆の不等式 $H(\boldsymbol{\sigma}) < H(\boldsymbol{\sigma}')$ が成立する場合についても，同様にして詳細つり合い条件を確かめることができる．

次に，熱浴法の遷移確率は次式のとおりである．

$$M_n(\boldsymbol{\sigma}|\boldsymbol{\sigma}') = \frac{e^{-\beta H(\boldsymbol{\sigma})}}{e^{-\beta H(\boldsymbol{\sigma})} + e^{-\beta H(\boldsymbol{\sigma}')}} \tag{9.11}$$

これが詳細つり合い条件を満たしていることは自分で確かめてみよ．$\boldsymbol{\sigma}$ と $\boldsymbol{\sigma}'$ を入れ替えた式を書き，上式との比をとるとよい．

具体的な実行手順

遷移行列を選んだら次のようにして計算を実行する．時刻 $n-1$ での状態 $\boldsymbol{\sigma}'$ が決まっているとき時刻 n の状態の候補 $\boldsymbol{\sigma}$ を選ぶ．そのやり方は後で説明する．$\boldsymbol{\sigma}'$ と $\boldsymbol{\sigma}$ に応じた遷移確率の値 $M_n(\boldsymbol{\sigma}|\boldsymbol{\sigma}')$ を計算する．そして，0 と 1 の間の一様乱数 r を発生させて $M_n(\boldsymbol{\sigma}|\boldsymbol{\sigma}')$ と比べる．$r < M_n(\boldsymbol{\sigma}|\boldsymbol{\sigma}')$ なら $\boldsymbol{\sigma}$ を時刻 n における状態として採用する．$r \geq M_n(\boldsymbol{\sigma}|\boldsymbol{\sigma}')$ なら $\boldsymbol{\sigma}'$ を時刻 n における状態としてそのまま保持する．これにより，状態 $\boldsymbol{\sigma}'$ が確率 $M_n(\boldsymbol{\sigma}|\boldsymbol{\sigma}')$ で状態 $\boldsymbol{\sigma}$ に遷移する．

さて，次の状態の候補 $\boldsymbol{\sigma}$ はどう選べばよいだろうか．これも一意的なやり方があるわけではない．イジング模型のシミュレーションでしばしば採用される基本的な方法としては，N 個のスピン $\boldsymbol{\sigma}' = (\sigma'_1, \sigma'_2, \ldots, \sigma'_k, \ldots, \sigma'_N)$ の中から 1 つだけ (k 番目だけ) を反転して $\boldsymbol{\sigma} = (\sigma'_1, \sigma'_2, \ldots, -\sigma'_k, \ldots, \sigma'_N)$ とする単スピンフリップ法がある．この方法の利点は，メトロポリス法や熱浴法の遷移確率の計算に必要なエネルギー変化 $H(\boldsymbol{\sigma}) - H(\boldsymbol{\sigma}')$ が比較的簡単に求められる点にある．$\boldsymbol{\sigma}'$ と $\boldsymbol{\sigma}$ の違いが σ'_k の符号だけなので，スピン k と相互作用のないスピンのエネルギーへの寄与は $H(\boldsymbol{\sigma})$ と $H(\boldsymbol{\sigma}')$ でまったく同じであり，引き算 $H(\boldsymbol{\sigma}) - H(\boldsymbol{\sigma}')$ で打ち消し合って 0 になる．スピン k と相互作用しているものだけを考慮すればよい．ここで多くの場合，1 つのスピンと相互作用しているスピンの数は限られているので，計算が容易となる．

マルコフ連鎖モンテカルロ法は，すべての許される状態の中からギブス・ボルツマン分布 $P_{\mathrm{GB}}(\boldsymbol{\sigma})$ に比例する確率で状態をサンプリングする．長い時間を

かけて遷移を繰り返して状態を次々に生成していきながら各時刻における状態 σ に応じた物理量の値 $A(\sigma)$ を求め，その値を記録していって最後に単純平均すれば，ギブス・ボルツマン分布による平均のよい近似になっている．

9.2 シミュレーテッド・アニーリング

　マルコフ連鎖モンテカルロ法を利用して最適化問題を解く一般的な方法のひとつが，7.2 節で触れたシミュレーテッド・アニーリングである．

　メトロポリス法や熱浴法の遷移確率を採用したマルコフ連鎖モンテカルロ法においては，長い時間にわたって遷移を繰り返すと，状態はギブス・ボルツマン分布に従って生成されるようになる．そこで，ある温度でマルコフ連鎖モンテカルロ法を実行した後，温度を少し下げて同じ要領でマルコフ連鎖モンテカルロ法を実行し，さらに少し温度を下げて実行するという過程を繰り返すと，各温度でのギブス・ボルツマン分布を順に追っていくことになる．最後に温度を 0 にすれば温度 0 におけるギブス・ボルツマン分布，すなわち最低エネルギー状態（基底状態）が高い確率で実現する．これがシミュレーテッド・アニーリングである．

　温度の下げ方を十分ゆっくりにして，各温度でのモンテカルロステップ数を十分大きくとれば各温度での平衡状態が実現されることは確かである．式 (7.15) は，どんな問題であってもこれに従ってゆっくりと温度を下げれば必ず基底状態に行き着くという条件を表している．しかし，実際の計算は限られた時間で終わらなければならない．温度の下げ方をどうすれば有限の時間でよい結果が得られるかについて一般的な理論を構築するのは難しいが，実際にはかなり急速に温度を下げてもそれほど悪くない結果が得られることも多い．また，初期温度は十分高くとって最初はたくさんの状態の間の遷移が頻繁に起きるようにすることで，状態空間を広く探索し始めることが望ましい．

　途中の温度で相転移がある問題については注意が必要である．2 次の相転移点（相転移温度）においては平衡状態に到達するための時間（緩和時間）が非常に長くなる．相転移点付近では特に計算時間を長くとり，平衡状態からの外

れを抑制する工夫が必要である.

　1次相転移はより難しい問題を引き起こす. 1次相転移においては転移温度より上の温度での状態と下の温度での状態の間に連続性がないため, 系の状態が不連続な変化をしなければならない. 非常に高い自由エネルギーの山を越えて別の状態に飛び移るプロセスを実行する必要があり, 理論的には系の大きさの指数関数に比例する時間がかかる. 相当慎重にシミュレーションを実行しないと山を越えることができずに, 最小解（最適化問題の正解）ではなく極小解に留まることになる. 極小解が近似としては悪くない場合もありうるが, 一般には十分な注意を払って計算結果を検討する必要がある.

9.3　横磁場イジング模型の古典シミュレーション

　ここまで古典的なイジング模型のシミュレーション方法, とりわけ統計力学において重要となるギブス・ボルツマン分布に従うサンプリングを行う方法を紹介してきた. 本節では, 量子ゆらぎを含む横磁場イジング模型のシミュレーション（量子モンテカルロ法）について解説する.

　式 (7.1) の横磁場イジング模型の分配関数 Z を, 対応する古典イジング模型の分配関数で表すというのが基本的な発想である. 横磁場イジング模型のハミルトニアン演算子の式 (7.1) を $\hat{H}$, 対応する古典イジング模型のハミルトニアンを $H_c(\boldsymbol{\sigma})$ として

$$Z = \mathrm{Tr}\, e^{-\hat{H}} \approx \sum_{\boldsymbol{\sigma}} e^{-H_c(\boldsymbol{\sigma})} \tag{9.12}$$

となる $H_c(\boldsymbol{\sigma})$ を探す. 表記を簡単化するため, 左辺の指数関数の肩に本来入っている β が $\hat{H}$ の中に含まれるよう $\hat{H}$ を再定義してある. すなわち $\beta\hat{H} \to \hat{H}$ である. 右辺の和は $H_c(\boldsymbol{\sigma})$ の引数である古典的なイジング変数のすべての可能な値についてとる. 上式の対応関係を根拠に, 左辺で規定される量子系の平衡状態における性質を右辺の古典系のマルコフ連鎖モンテカルロ法で調べる. それが量子モンテカルロ法の基本的思想である.

　横磁場イジング模型のハミルトニアンを, 古典イジング模型を表す部分と横

磁場項に分けて取り扱うと便利である．簡単のため本節では前者を $\hat{H}_z$，後者を $\hat{H}_x$ と書き表すことにする．式 (7.1) の記号でいえば，$\beta\hat{H}_0$ を $\hat{H}_z$ とし $\beta\hat{H}_{\mathrm{TF}}(t)$ を $\hat{H}_x$ とする．

$$\hat{H} = \hat{H}_z + \hat{H}_x \tag{9.13}$$

これらが非可換である $[\hat{H}_z, \hat{H}_x] \neq 0$ ために指数関数を分割することができない．

$$e^{-\hat{H}} \neq e^{-\hat{H}_z} e^{-\hat{H}_x} \tag{9.14}$$

この非可換性が量子系の直接的なシミュレーションを困難にしている．ボルツマン因子 $e^{-\hat{H}}$ を局所的なボルツマン因子の積に分解することができないためである．この問題を解決するために鈴木・トロッタ分解を適用する [73]．

$$e^{-(\hat{H}_z+\hat{H}_x)} = \lim_{M\to\infty} \left(e^{-\frac{1}{M}\hat{H}_z} e^{-\frac{1}{M}\hat{H}_x}\right)^M = \lim_{M\to\infty} \left(e^{-\frac{1}{M}\hat{H}_x} e^{-\frac{1}{M}\hat{H}_z}\right)^M \tag{9.15}$$

鈴木・トロッタ分解公式の導出には，指数関数を $\frac{1}{M}$ で展開したとき 2 次以上の項は $M \to \infty$ の極限では効かないことを使う．

$$\lim_{M\to\infty} \left(e^{-\frac{1}{M}\hat{H}_x} e^{-\frac{1}{M}\hat{H}_z}\right)^M = \lim_{M\to\infty} \left(1 - \frac{\hat{H}_x}{M} - \frac{\hat{H}_z}{M} + \mathcal{O}\left(\frac{1}{M^2}\right)\right)^M$$
$$= e^{-(\hat{H}_z+\hat{H}_x)} \tag{9.16}$$

　式 (9.12) の左辺を右辺に書き換えるため，式 (9.15) を適用してそこに現れる M 個の積を具体的に書きくだす．さらに，恒等演算子 $\mathbb{1}$ を挟み込んでそれを古典イジング変数 ($\hat{\sigma}^z$ の固有値) のすべての可能な値について和をとるという完全系で展開する

$$\mathbb{1} = \sum_{\sigma_l} |\sigma_l\rangle\langle\sigma_l| \quad (l = 1, 2, \ldots, M) \tag{9.17}$$

と

$$\mathrm{Tr}\left[e^{-\hat{H}}\right]$$
$$= \lim_{M\to\infty} \sum_{\sigma_1} \langle\sigma_1|e^{-\frac{1}{M}\hat{H}_x} e^{-\frac{1}{M}\hat{H}_z} \cdot \mathbb{1} \cdot e^{-\frac{1}{M}\hat{H}_x} e^{-\frac{1}{M}\hat{H}_z} \cdot \mathbb{1} \cdots e^{-\frac{1}{M}\hat{H}_x} e^{-\frac{1}{M}\hat{H}_z}|\sigma_1\rangle$$

$$= \lim_{M \to \infty} \sum_{\sigma_1,\ldots,\sigma_M} \langle \sigma_1 | e^{-\frac{1}{M}H_x} e^{-\frac{1}{M}\hat{H}_z} | \sigma_M \rangle \langle \sigma_M | e^{-\frac{1}{M}\hat{H}_x} e^{-\frac{1}{M}\hat{H}_z} | \sigma_{M-1} \rangle$$
$$\cdots \langle \sigma_2 | e^{-\frac{1}{M}\hat{H}_x} e^{-\frac{1}{M}\hat{H}_z} | \sigma_1 \rangle$$
$$= \lim_{M \to \infty} \sum_{\sigma_1,\ldots,\sigma_M} \langle \sigma_1 | e^{-\frac{1}{M}\hat{H}_x} | \sigma_M \rangle e^{-\frac{1}{M}H_z(\sigma_M)} \langle \sigma_M | e^{-\frac{1}{M}\hat{H}_x} | \sigma_{M-1} \rangle e^{-\frac{1}{M}H_z(\sigma_{M-1})}$$
$$\cdots e^{-\frac{1}{M}H_z(\sigma_2)} \langle \sigma_2 | e^{-\frac{1}{M}\hat{H}_x} | \sigma_1 \rangle e^{-\frac{1}{M}H_z(\sigma_1)} \tag{9.18}$$

という表現が得られる．各 σ_l は古典イジング模型 $\hat{H}_z (= \beta \hat{H}_0)$ が持つ変数であり，それが M セット導入されている．各 σ_l は 2^N 個の状態をとる．$l = 1, 2, \ldots, M$ は元の問題の持つ変数が定義された空間とは別の独立な変数のインデックスであり，トロッタ方向，あるいは量子力学の経路積分による定式化 [74] との対比から虚時間方向とも呼ばれる．なお，式 (9.18) の 2 行目右辺を見ると σ_1 で左と右から挟む形になっているので，虚時間方向には周期境界条件が課されていると解釈することができる [3]．

　$\hat{\sigma}^z$ が対角化された表示での和が σ_l についての和だから，$\hat{H}_z$ については対角要素のみ残ることは，式 (9.18) の最後の表式を導く際にすでに使ってある．より具体的に局所的な相互作用について書けば

$$\langle \sigma_l | \, e^{\frac{1}{M}\beta J \hat{\sigma}_i^z \hat{\sigma}_j^z} \, | \sigma_l \rangle = e^{\frac{\beta J}{M}\sigma_{i,l}\sigma_{j,l}} \tag{9.19}$$

となる．ここで，$\sigma_{i,l}, \sigma_{j,l}$ は ± 1 の値をとる古典イジング変数である．

　$\hat{H}_x$ の中には $\hat{\sigma}_1^x, \hat{\sigma}_2^x, \ldots$ だけしか現れないから各項の間に非可換性はない．したがって式 (9.18) の $e^{-\frac{1}{M}\hat{H}_x}$ の行列要素の計算は $\hat{H}_x$ の中の和 $\sum_j \hat{\sigma}_j^x$ の各項に分けて行うことができる．$\hat{H}_x$ の中で j 番目のスピンに関する項の行列要素は次のとおりである．$\frac{\beta \Gamma}{M}$ を h と表記し，$(\hat{\sigma}_j^x)^2 = 1$ を使う．

$$\langle \sigma_{l+1} | \, e^{h\hat{\sigma}_j^x} \, | \sigma_l \rangle = \langle \sigma_{l+1} | (\cosh h + \sinh h \, \hat{\sigma}_j^x) \, | \sigma_l \rangle$$
$$= A(h) e^{K^x(h)\sigma_{j,l}\sigma_{j,l+1}} \tag{9.20}$$

ここで

---

[3] 7.2 節でも触れたが，横磁場イジング模型の新たな古典シミュレーションアルゴリズムとして，虚時間方向を自由境界条件にすると効率が上がるという報告がある [48].

$$K^x(h) = -\frac{1}{2}\log\tanh(h), \qquad A(h)^2 = \frac{1}{2}\sinh(2h) \tag{9.21}$$

である. 式 (9.20) と式 (9.21) は次のようにして確かめられる. 式 (9.20) で $\sigma_l = \sigma_{l+1}$ とおくと $\cosh h = A(h)e^{K^x(h)}$ となる. $\sigma_l = -\sigma_{l+1}$ とすれば $\sinh h = A(h)e^{-K^x(h)}$ である. これら 2 つの関係式をかけたり割ったりすれば式 (9.21) が出る.

こうして横磁場イジング模型の分配関数を, 次元が 1 つ虚時間方向に増えた古典イジング模型の分配関数で表現することができた.

$$\mathrm{Tr}\left[e^{-\hat{H}}\right] = \lim_{M\to\infty} A(h)^{MN} \sum_{\boldsymbol{\sigma}} e^{-H_{\mathrm{c}}(\boldsymbol{\sigma})} \tag{9.22}$$

ここに出てくる古典イジング模型のハミルトニアンの具体的な形を 1 次元横磁場イジング模型で例示すると

$$H_{\mathrm{c}}(\boldsymbol{\sigma}) = -\sum_{l=1}^{M}\sum_{j=1}^{N-1}\left(\frac{\beta J}{M}\sigma_{j,l}\sigma_{j+1,l} + K^x\!\left(\frac{\beta\Gamma}{M}\right)\sigma_{j,l}\sigma_{j,l+1}\right) \tag{9.23}$$

である. これは 2 次元における古典イジング模型と同じ形をしている.

実際の計算においては M は大きいが有限の値にとることが多い[4]. また, 横磁場イジング模型の基底状態を調べる目的には温度 T を十分小さく (逆温度 β を大きく) とらなければならない.

先の章で触れたように, 横磁場のみではなく任意符号の XX 項を持つような場合については負符号問題が生じるために, 一般に量子モンテカルロ法によるシミュレーションは困難となる. ただし理論的な解析が進んでいる全結合の XX 項を持つような場合は, 量子モンテカルロ法の効率のよい実行が可能である [76]. このように, 正の符号を持つ全結合の XX 項は古典的にシミュレートすることができることから, 定義上から非擬似古典的であるものの, それほど強い量子性を持つわけではないことがわかる. ただ多様な量子ゆらぎによる量子アニーリングの効果を調べるために有効な方向性のひとつであることには変わらない. さらなる研究が待たれる.

---

[4] 7.2 節でも述べたように, M が無限大になる極限をとって虚時間方向のインデックス $l = 1, 2, \ldots, M$ を連続化する方法もある [55]. 連続化しないとデータのサイズ依存性が正しく得られないという指摘もあり [75], 量子モンテカルロ法を量子アニーリングの研究に使う際には慎重さが必要である.

第 **10** 章　機械学習との関わり

機械学習への量子アニーリングの応用は急速に立ち上がりつつある研究分野である．基礎研究のみならず，実データを用いた応用例の報告も増えている．本章では，機械学習になじみのない読者も念頭に置いてボルツマン機械学習やQBoost といった手法の解説をする[1]．多くの場合，定式化自体には量子力学は顔を出さない．最後に出てくる式の評価に量子アニーリングマシンを利用するという話である．

10.1　ボルツマン機械学習

大量に用意されたデータの構造を解析して，再現できるモデル（生成モデル）を構築する作業は，機械学習の重要なテーマのひとつである．ボルツマン機械学習はそのための有力な枠組みであり，深層学習の基盤技術となっている [77,78]．

N 次元のベクトルで表されるデータが D 組あるとして，$\boldsymbol{\sigma}^{(d)}$ $(d = 1, 2, \ldots, D)$ でそれを表現する．D は非常に大きな数であるとする．データは確率的に生成されているとして，その確率分布関数をギブス・ボルツマン分布でできるだけ忠実に再現するように，相互作用や局所磁場といったパラメータをうまく調整していくのがボルツマン機械学習である．

ボルツマン機械学習の考え方

データを表すベクトル $\boldsymbol{\sigma}^{(d)}$ の各成分が 2 値をとるイジング変数であるとす

---

[1] 物理を学ぶ学生を念頭に置いた本なので，言葉遣いや記号が物理寄りになっている部分がある．情報系の読者はその点に留意していただきたい．

る．イジング模型のギブス・ボルツマン分布を本章では次のように書くことにする．

$$P(\boldsymbol{\sigma}|\boldsymbol{u}) = \frac{1}{Z(\boldsymbol{u})} e^{-H(\boldsymbol{\sigma}|\boldsymbol{u})} \tag{10.1}$$

ここで $H(\boldsymbol{\sigma}|\boldsymbol{u})$ はイジング模型のハミルトニアン [2]

$$H(\boldsymbol{\sigma}|\boldsymbol{u}) = -\sum_{i<j} J_{ij}\sigma_i\sigma_j - \sum_{i=1}^{N} h_i\sigma_i \tag{10.2}$$

であり，また $\boldsymbol{u}$ はハミルトニアンに現れるパラメータ（相互作用 $\{J_{ij}\}$ と局所磁場 $\{h_i\}$）をまとめて表す記号である．式 (10.2) は，パラメータ $\boldsymbol{u} = \{J_{ij}, h_i\}$ が与えられているときにイジングスピンの状態 $\boldsymbol{\sigma}$ に応じてエネルギーが決まるということを表している．式 (10.1) においては，通常のギブス・ボルツマン分布に現れる逆温度 β が書かれていないがパラメータ $\boldsymbol{u}$ の中に含まれている．

　機械学習の基本方針は，与えられたデータの特徴をパラメータという形で表現することを目指すという点にある．このパラメータを知ることができれば，与えられたデータを再現する回帰や，その特徴に基づいたデータの識別を実行することができる．これらが基本的な応用例である．

　ボルツマン機械学習では，与えられたデータの経験分布（度数分布）

$$P_D(\boldsymbol{\sigma}) = \frac{1}{D}\sum_{d=1}^{D}\delta(\boldsymbol{\sigma} - \boldsymbol{\sigma}^{(d)}) \tag{10.3}$$

にギブス・ボルツマン分布の式 (10.1) ができるだけ近づくよう，パラメータ $\boldsymbol{u}$ を調整するという方策をとる．統計力学では $\boldsymbol{u}$ が与えられたという条件のもとで $\boldsymbol{\sigma}$ の分布が決まるのだが，機械学習では $\boldsymbol{\sigma}$ のデータが与えられてそれに合うよう $\boldsymbol{u}$ を決めるという逆のプロセス（逆問題）となっていることに注意したい．

　2つの異なる確率分布を持ってきたときに，それらの類似度を調べるための計量を導入しよう．最も一般的に用いられるのがカルバック・ライブラー（Kullback-Leibler, KL）情報量である．KL 情報量は 2 つの確率分布 $P(\boldsymbol{\sigma}), Q(\boldsymbol{\sigma})$ に対して次式で定義される．

---

[2] 機械学習の文献ではエネルギー関数と呼ばれることが多い．

$$D_{\mathrm{KL}}(P|Q) = \sum_{\boldsymbol{\sigma}} P(\boldsymbol{\sigma}) \log\left(\frac{P(\boldsymbol{\sigma})}{Q(\boldsymbol{\sigma})}\right) \tag{10.4}$$

2つの分布が一致する $P(\boldsymbol{\sigma}) = Q(\boldsymbol{\sigma})$ なら $D_{\mathrm{KL}}(P|Q) = 0$ である．また，KL 情報量は非負であることも，正の数 y について成立する不等式 $-\log y + y - 1 \geq 0$ を用いて次のように証明できる．

$$D_{\mathrm{KL}}(P|Q) = \sum_{\boldsymbol{\sigma}} P(\boldsymbol{\sigma})\left(\log\frac{P(\boldsymbol{\sigma})}{Q(\boldsymbol{\sigma})} + \frac{Q(\boldsymbol{\sigma})}{P(\boldsymbol{\sigma})} - 1\right) \geq 0 \tag{10.5}$$

このように，KL 情報量は $P(\boldsymbol{\sigma})$ と $Q(\boldsymbol{\sigma})$ の間の距離に準ずる量であるが，P と Q を入れ替えたときに不変であるという距離の公理を満たさない（$D_{\mathrm{KL}}(P|Q) \neq D_{\mathrm{KL}}(Q|P)$）ので本当の距離ではない．いずれにしても，$D_{\mathrm{KL}}(P|Q)$ が小さければ $P(\boldsymbol{\sigma})$ と $Q(\boldsymbol{\sigma})$ は似ているといってよい[3]．

このような性質を持つ KL 情報量をできるだけ小さくするという方針で，データの経験分布 $P_D(\boldsymbol{\sigma})$ に最も近い確率分布関数 $P(\boldsymbol{\sigma}|\boldsymbol{u})$ を探す．具体的にはパラメータ $\boldsymbol{u}$ を調整して 2 つの分布の間の KL 情報量を小さくする．式 (10.4) で $Q(\boldsymbol{\sigma})$ を未知のパラメータを持つ $P(\boldsymbol{\sigma}|\boldsymbol{u})$ に，$P(\boldsymbol{\sigma})$ をデータの経験分布 $P_D(\boldsymbol{\sigma})$ に選ぼう．このとき KL 情報量は

$$
\begin{aligned}
D_{\mathrm{KL}}\big(P_D(\boldsymbol{\sigma})|P(\boldsymbol{\sigma}|\boldsymbol{u})\big) &= \sum_{\boldsymbol{\sigma}} P_D(\boldsymbol{\sigma}) \log\left(\frac{P_D(\boldsymbol{\sigma})}{P(\boldsymbol{\sigma}|\boldsymbol{u})}\right) \\
&= \sum_{\boldsymbol{\sigma}} P_D(\boldsymbol{\sigma}) \log P_D(\boldsymbol{\sigma}) - \sum_{\boldsymbol{\sigma}} P_D(\boldsymbol{\sigma}) \log P(\boldsymbol{\sigma}|\boldsymbol{u})
\end{aligned} \tag{10.6}
$$

$\boldsymbol{u}$ を調整してこの量を最小にするのだから，最後の行の第 2 項だけを考慮すればよい．この第 2 項に式 (10.3) を入れると対数尤度関数と呼ばれる量になる．

$$L(\boldsymbol{u}) = \frac{1}{D} \sum_{d=1}^{D} \log P(\boldsymbol{\sigma} = \boldsymbol{\sigma}^{(d)}|\boldsymbol{u}) \tag{10.7}$$

対数尤度関数の最大化を図るので，最尤法（最ももっともらしい値を求める方法）と呼ばれる．

---

[3] 対称性を持つ KL 情報量に類する距離として，イェンセン・シャノン情報量がある．

ボルツマン機械学習の手順

最尤法を実行するためには，対数尤度関数の微分を逐次的に足していって $L(\boldsymbol{u})$ を少しずつ大きくしていく勾配法を利用する.

$$\boldsymbol{u}[t+1] = \boldsymbol{u}[t] + \eta \frac{\partial L(\boldsymbol{u})}{\partial \boldsymbol{u}} \tag{10.8}$$

η は学習係数と呼ばれる正の量で，小さければ小さいほど正確であるが計算時間の長大化につながるので，ほどよい値をとることが必要である [4]. 式 (10.8) を実行するために，パラメータ $\boldsymbol{u}$ について対数尤度関数の微分をとる.

$$\frac{\partial L(\boldsymbol{u})}{\partial \boldsymbol{u}} = -\frac{1}{D} \sum_{d=1}^{D} \frac{\partial H(\boldsymbol{\sigma} = \boldsymbol{\sigma}^{(d)}|\boldsymbol{u})}{\partial \boldsymbol{u}} + \left\langle \frac{\partial H(\boldsymbol{\sigma}|\boldsymbol{u})}{\partial \boldsymbol{u}} \right\rangle_{\boldsymbol{u}} \tag{10.9}$$

第 1 項は式 (10.2) のハミルトニアンを使って容易に評価される. データに関する経験平均をとるだけである. 第 2 項はギブス・ボルツマン分布による平均値 $\langle \cdots \rangle_{\boldsymbol{u}}$ を持つので一般には計算は難しい. 変数の組 $\boldsymbol{\sigma}$ のとる値は 2^N 個あり，N とともに指数関数的に増大するので平均を厳密に計算することは実質的に不可能である. そこで，マルコフ連鎖モンテカルロ法で近似的に平均値を求めるのがひとつのやり方である. しかしながら，モンテカルロ法は初期状態から平衡状態への緩和が場合によっては長くかかることや，緩和した後も平均値を精度よく求めるための十分なサンプリング数の確保に時間がかかることが多い. 式 (10.8) の実行にあたって $\boldsymbol{u}$ を更新するたびに計算し直すコストが膨大になってしまう難点がある.

量子アニーリングとの関係

こうした問題点を緩和するひとつの方法が次節で解説する制限ボルツマンマシン（制限ボルツマン機械）であるが，最近，D-Wave マシンを使うまったく違ったアプローチが提案されて研究対象となっている [82]. D-Wave マシンをサンプリング用として使い平均値を求めようというわけである. D-Wave マシ

---

[4] 近年の機械学習の進展には，この学習係数の研究が進み，対数尤度関数の 1 階微分や 2 階微分を考慮したもの，1 階微分の履歴を利用した適応的勾配法 [79] や，すべてのデータを利用せず，部分的にサンプリングをしたものによる勾配を採用する確率的勾配法 [80] の台頭が背景にある [81].

ンは，イジング模型で表される最適化問題を解くように設計されている．しかし，動作する温度が 10 ないし 20 ミリケルビンという極低温ではあるが絶対零度ではないことや，製造技術上の問題などから最適解（厳密な基底状態）でない状態を解候補として返してくることも多い．興味深いことに，それらの不完全な解候補の分布がギブス・ボルツマン分布に近いという研究がある [41,83,84]．そのため，D-Wave マシンが式 (10.9) の右辺第 2 項の平均値を計算するためのサンプリングのデータを出力する装置として使える可能性がある．D-Wave マシンでは 1 回のアニーリング時間は最短 5 マイクロ秒であるが，一度パラメータ u を入力すると多数回（例えば 1000 回）アニーリングを繰り返してそれらの結果を解候補として出力してくる [5]．サンプリング・マシンとして使うときにはすべての解候補を使って平均値の計算をする．通常のコンピュータ上でのシミュレーションに比べて非常に高速に多数のサンプルが得られるのがメリットである．ただし，実装されている量子ビット数がまだ少なく，また量子ビット同士の結合の仕方にもキメラグラフという制約があるため，ボルツマン機械学習の実務で D-Wave マシンの利用がすぐに主流になることはないだろうが，様々な制約を踏まえた利用方法の研究が始まっている．従来は最適化問題の解としては不適として捨てられていたデータをうまく活用する優れたアイディアであり，今後の進展が注目される．

　文献 [82] では，D-Wave の最新機種 D-Wave 2000Q によるサンプリングを用いて，キメラグラフ上で表現されたハミルトニアンに対するボルツマン機械学習の実施例が紹介されている．ギブス・ボルツマン分布がうまく再現されているかを示した KL 情報量の推移を示したのが図 10.1 である．CD と書かれたものが，後に紹介するマルコフ連鎖モンテカルロ法を近似的に実行するコントラスティヴ・ダイヴァージェンス法（Contrastive divergence，以下 CD 法）と呼ばれる方法で実行した場合であり，添えられた数字はその近似精度に関連した数値である．PCD は CD を改良したパーシステント・コントラスティヴ・ダイヴァージェンス法（Persistent contrastive divergence，以下 PCD 法）である．どちらも途中からアップデートを繰り返すごとに，KL 情報量が上昇に転じて

---

[5] 1000 個の $\boldsymbol{\sigma}$ の中から $H(\boldsymbol{\sigma})$ が一番低いものを選ぶ作業は，通常のコンピュータで難なく実行できる．

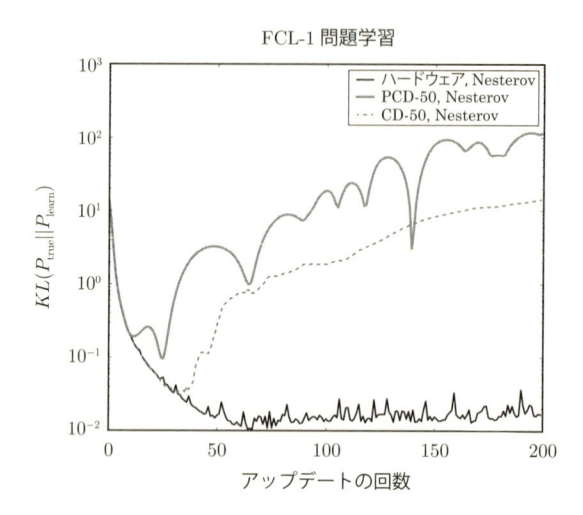

図 10.1　3 つの学習法による KL 情報量の変化の比較．一番下が D-Wave 2000Q での
サンプリングによるデータ．一番上が PCD-50，真ん中が CD-50 と呼ばれる
通常の学習法によるデータである．Korenkevych *et al.* [82] による．

おり，近似のためにボルツマン機械学習をうまく実行することができていない．
マルコフ連鎖モンテカルロ法をきちんと実装しないとうまく行かないという問
題例といえる．そういった問題であっても D-Wave 2000Q では，スピン配位が
平衡状態からうまくサンプリングされていることを反映して，KL 情報量が順
当に減少している様子が見て取れる．

　他にも機械学習分野において発展目覚ましい強化学習において，サンプリン
グ手法として量子アニーリングを採用して，実際に D-Wave マシンを利用する
試みが始まっており，既存のサンプリング手法を採用した場合よりも性能が上
回るという報告がされている [85]．

制限ボルツマンマシン

　マルコフ連鎖モンテカルロ法で式 (10.9) の右辺第 2 項を計算するのは，実際
には計算量の観点から困難であることはすでに紹介したとおりである．そこで，
変数同士の結合の仕方に制約を加えて比較的簡単に平均が計算できるように工
夫したのが制限ボルツマンマシンである．2 つの層から成る最も単純な場合を

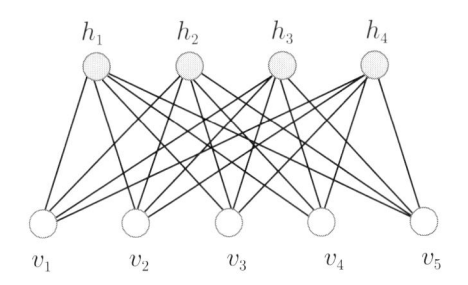

図 10.2 制限ボルツマンマシンは可視層（下段）と隠れ層（上段）に分かれて変数が配置されており，それぞれの層の中では結合がない.

紹介するが，これを多数積層して複雑な生成モデルを利用した学習を深層ボルツマン機械学習と呼び，隆盛を極める深層学習の一例となる[6].

　制限ボルツマンマシンでは，図 10.2 に示すように変数（イジングスピン）は可視層と隠れ層の 2 つの層に分かれて配置され，前者の変数を可視変数，後者を隠れ変数と呼ぶ．図 10.2 から明らかなように各層内での結合がないので，隠れ層の変数 $h = \{h_j\}$ が固定された定数だとすると可視変数 $v = \{v_i\}$ の確率分布は変数ごとに独立になる．逆に，可視層が固定されていると隠れ変数の確率分布は変数ごとに独立である．この独立性が計算を簡略化する.

　上記の事情を式で表現してみよう．まず，2 層合わせた全体での確率分布関数は次のとおりである．可視変数を $v = \{v_i\}$，隠れ変数を $h = \{h_j\}$，それぞれの変数にはたらく局所磁場を可視層で $b = \{b_i\}$，隠れ層で $c = \{c_j\}$ として

$$P(v, h|u) = \frac{1}{Z(u)} \exp\left(\sum_{i=1}^{N_v} b_i v_i + \sum_{j=1}^{N_h} c_j h_j + \sum_{i,j} J_{ij} v_i h_j \right) \quad (10.10)$$

$Z(u)$ は分配関数，N_v, N_h はそれぞれ可視層と隠れ層での変数の数である．u は $\{J_{ij}\}, b, c$ をまとめた表記である．$P(v, h|u)$ において，隠れ変数 h についての和をとって可視変数 v のみの分布（周辺分布）にしてその構造を見てみよう．上述のとおり，v を固定すると各 h_j は独立だから和は容易にとれて

$$P(\boldsymbol{v}|\boldsymbol{u}) = \sum_{\boldsymbol{h}} P(\boldsymbol{v}, \boldsymbol{h}|\boldsymbol{u})$$

$$= \frac{1}{Z(\boldsymbol{u})} \exp\left\{ \sum_{i=1}^{N_v} b_i v_i + \sum_{j=1}^{N_h} \log 2 \cosh\left(c_j + \sum_{i=1}^{N_v} J_{ij} v_i \right) \right\} \quad (10.11)$$

となる. ここで $\log 2 \cosh(\cdots)$ を $(\cdots)$ の中身についてべき展開すると, $v_i v_j, v_i v_j v_k, \ldots$ といった項が生じる. これは, 可視変数について実効的に相互作用が生じていると解釈できる. つまり本来可視変数同士は結合がないものの, 隠れ変数を通して結合が生じることにより複雑な分布を表現する可能性を獲得している.

　さて, $\boldsymbol{h}$ を固定したとき, 各 v_i が独立な分布をすることを式の上で確認しよう. A と B を確率変数として, 次の関係が成り立つ.

$$P(A, B) = P(A|B)P(B) \quad (10.12)$$

A と B が同時に起きる確率 $P(A, B)$ は, B が起きる確率 $P(B)$ と, B が起きたという条件下で A が起きる条件付き確率 $P(A|B)$ の積で表される. むしろ, これが条件付き確率の定義と解釈してもよい. これより, $\boldsymbol{u}$ が固定されているとき

$$P(\boldsymbol{v}|\boldsymbol{h}, \boldsymbol{u}) = \frac{P(\boldsymbol{v}, \boldsymbol{h}|\boldsymbol{u})}{P(\boldsymbol{h}|\boldsymbol{u})} \quad (10.13)$$

だから, $P(\boldsymbol{v}|\boldsymbol{h}, \boldsymbol{u})$ を計算するには, すでにわかっている $P(\boldsymbol{v}, \boldsymbol{h}|\boldsymbol{u})$ に加えて $P(\boldsymbol{h}|\boldsymbol{u})$ も必要になる. (10.11) 式と同様にして

$$P(\boldsymbol{h}|\boldsymbol{u}) = \sum_{\boldsymbol{v}} P(\boldsymbol{v}, \boldsymbol{h}|\boldsymbol{u})$$

$$= \frac{1}{Z(\boldsymbol{u})} \exp\left\{ \sum_{j=1}^{N_h} c_j h_j + \sum_{i=1}^{N_v} \log 2 \cosh\left(b_i + \sum_{j=1}^{N_h} J_{ij} h_j \right) \right\} \quad (10.14)$$

だから

$$P(\boldsymbol{v}|\boldsymbol{h}, \boldsymbol{u}) = \prod_{i=1}^{N_v} \exp\left\{ b_i v_i + \sum_{j=1}^{N_h} J_{ij} v_i h_j - \log 2 \cosh\left(b_i + \sum_{j=1}^{N_h} J_{ij} h_j \right) \right\}$$

$$(10.15)$$

であり，各 v_i の分布の積で表されていることから独立性が保証される．独立性により，マルコフ連鎖モンテカルロ法を回避して大幅に簡素化された計算が可能になる．

同様にして，可視変数を知ったうえでの条件付き確率についても変数ごとに独立な分布関数

$$P(\boldsymbol{h}|\boldsymbol{v},\boldsymbol{u}) = \prod_{j=1}^{N_h} \exp\left\{ c_j h_j + \sum_{i=1}^{N_v} J_{ij} v_i h_j - \log 2\cosh\left(c_j + \sum_{i=1}^{N_v} J_{ij} v_i\right)\right\} \tag{10.16}$$

が得られる．

この生成モデルを用いて，式 (10.11) に基づいて式 (10.7) と同様に以下の対数尤度関数の最大化を目指してパラメータの学習を行う．

$$L(\boldsymbol{u}) = \frac{1}{D}\sum_{d=1}^{D} \log P(\boldsymbol{v}^{(d)}|\boldsymbol{u}) \tag{10.17}$$

各パラメータについての偏微分を行うと，

$$\frac{\partial}{\partial b_i} L(\boldsymbol{u}) = \frac{1}{D}\sum_{d=1}^{D} v_i^{(d)} - \langle v_i\rangle_{\boldsymbol{u}} \tag{10.18}$$

$$\frac{\partial}{\partial c_j} L(\boldsymbol{u}) = \frac{1}{D}\sum_{d=1}^{D} \tanh\left(c_j + \sum_{i=1}^{N_v} J_{ij} v_i\right) - \langle h_j\rangle_{\boldsymbol{u}} \tag{10.19}$$

$$\frac{\partial}{\partial J_{ij}} L(\boldsymbol{u}) = \frac{1}{D}\sum_{d=1}^{D} v_i^{(d)} \tanh\left(c_j + \sum_{k=1}^{N_v} J_{kj} v_k\right) - \left\langle v_i^{(d)} h_j\right\rangle_{\boldsymbol{u}} \tag{10.20}$$

これらの式の右辺第2項に出てくる平均値の計算が，各層の条件付き独立性とこれから説明する CD 法の組み合わせで大幅に楽になる．CD 法では，可視変数と隠れ変数の条件付きサンプリングを交互に行うことにより，生成モデルに従った確率分布のサンプリングを実現する．具体的な手順は以下のとおりである．

手元にあるデータの経験分布を可視変数の初期条件として始める [86]．t は計算ステップの番号である．

1. $t=0$ とする．$\boldsymbol{v}_0^{(d)} = \boldsymbol{v}^{(d)}$ と初期化する．
2. 条件付き確率 $P(\boldsymbol{h}_t^{(d)}|\boldsymbol{v}_t^{(d)},\boldsymbol{u})$ に基づき，隠れ変数 $\boldsymbol{h}_t^{(d)}$ をサンプリングする．

3. 条件付き確率 $P(v_{t+1}^{(d)}|h_t^{(d)}, u)$ に基づき,可視変数 $v_{t+1}^{(d)}$ をサンプリングする.

4. k ステップのサンプリングを終えたら,得られた $v_{k+1}^{(d)}, h_k^{(d)}$ $(d = 1, 2, \ldots, D)$ により経験平均をとってこれを求める平均値とする.

$$\langle f(v, h)\rangle_u \approx \frac{1}{D} \sum_{d=1}^{D} f(v_{k+1}^{(d)}, h_k^{(d)}) \tag{10.21}$$

k ステップだけ行う場合の CD 法を CD-k と呼ぶ.経験的には,この k はごくわずかであってもよいことが多いとされている.もちろんこの k が大きい方が最尤法の計算が正しく行われるのだが,小さい場合についても尤度の高いパラメータを得ることができるので,高速に複雑なモデルの学習を行うことができて重宝される.ただし,データの量がものを言うことを注意しておきたい.CD 法では最後に式 (10.21) のように経験平均をとるのだが,この経験平均をとるのはデータの個数分であり D 個の和から成る.そのため大きなデータ数でないと正しい期待値を計算することができない.ちなみに PCD 法では,パラメータの更新を行った後に再び期待値を計算する際に初期化をせずに実行する [87].

文献 [88] は,式 (10.18), (10.19), (10.20) の右辺第 2 項の平均値の計算に,CD 法に代わって量子アニーリングを用いた結果を報告している.D-Wave マシンはパラメータ u を入力するとギブス・ボルツマン分布に近い分布を持つ多くの解候補を短時間で返してくるので,それらすべてを使って平均値を求めようというわけである.文字認識の問題に対して,通常の CD 法と D-Wave マシンを用いたサンプリングを適用した結果を比較したところ,後者の方が正解により速く近づいている.この例のように,機械学習におけるサンプリングの効率化に量子アニーリングを使う試みが広がり始めている.

最近の成果として,ボルツマン機械学習の一種であるヘルムホルツ機械学習への応用例 [89] がある.ヘルムホルツ機械学習では,制限ボルツマンマシンを層状に積み上げて,上層では変数同士で結合をするやや複雑な構造を持たせたネットワークを利用する.最下層に存在する可視変数部分にデータを入力すると,その特徴をネットワーク内に抽出することができる.その抽出された情報に基づき,再び可視変数部分に同様な特徴を持った出力を得ることができる [90].今日では深層ボルツマンマシンや,深層ニューラルネットワークの形式のひとつ

である深層ビリーフネット [77] と呼ばれるもののことである．ここで D-Wave マシンがギブス・ボルツマン分布に従うサンプリングを得意とすることを利用する．制限ボルツマンマシン部分は条件付き独立性を利用して，古典的なプロセスを通して高速に実行をする．一方で変数同士が結合をしているために，サンプリングが容易ではない部分を D-Wave マシンを利用するというわけである．D-Wave マシンによるサンプリングは，こういった意味でこれまでに計算量の点で困難であった機械学習の手法に新たな息を吹き込んでいる．

10.2 QBoost

機械学習の一種であるアンサンブル学習において，イジング模型で表されたコスト関数の最小化に D-Wave マシンを用いた例を紹介しよう．QBoost と名づけられている [91, 92]．

入力信号 $\boldsymbol{x}$ がどのような性質を持っているのか，精度よく識別するのが目的である．ここでは 2 つの値 ± 1 のどちらを入力信号に割り当てるべきかという問題を考える．例でいうと，$\boldsymbol{x}$ が画像データを表しており，その画像に写っているものが，犬か猫かを識別するといったタスクを想像するとよい．アンサンブル学習では「三人寄れば文殊の知恵」という格言のとおり，複数の識別器を利用することでよりよい識別精度を達成すること（ブースティング）を目指す．比較的容易に準備できるが，あまり性能のよくない識別器（弱識別器）がたくさんあるとする．性能がよくないというのは，入力に対して正しい出力をしないことが少なくないという意味である．これらの識別器の出力を $c_i(\boldsymbol{x}) \in \{-1, 1\}$ $(i = 1, 2, \ldots, N)$ とする．いくつかの弱識別器の出力の和をとることでよりよい識別器ができるというのが基本的な考え方である．これを式で表すと

$$C(\boldsymbol{x}) = \text{sign}\left(\sum_{i=1}^{N} w_i c_i(\boldsymbol{x})\right) \tag{10.22}$$

ここで w_i は 0 か 1 の値をとり，i 番目の識別器を使うか使わないかを表している．どの識別器を使うと，できるだけ少ない数の弱識別器でよりよい性能が得られるかを明らかにしたい．

このために教師あり学習を行って最適な $\{w_i\}$ の組を求めることにする．あらかじめ教師データ（正しい入出力関係の組）$(\boldsymbol{x}^{(d)}, y^{(d)})$ $(d = 1, 2, \ldots, D)$ を多数 $(D \gg 1)$ 用意しておいて，それらをできるだけ忠実に再現するよう $\{w_i\}$ を調整する [7]．この方針をより具体的に表すと，次のハミルトニアンの $\{w_i\}$ についての最小化を目指すことになる．

$$H(\boldsymbol{w}) = \sum_{d=1}^{D} \left(\frac{1}{N} \sum_{i=1}^{N} w_i c_i(\boldsymbol{x}^{(d)}) - y^{(d)} \right)^2 + \lambda \sum_{i=1}^{N} w_i \tag{10.23}$$

ここでハミルトニアンの最小化を通して，教師信号 $y^{(d)}$ との差ができるだけ小さくなるようにする．式 (10.22) の右辺をそのまま使うと，符号関数 $\mathrm{sign}(\cdot)$ があるために 2 値変数 w_i の 2 次形式にならず，イジング模型に帰着できない．そのため，符号関数の引数 $\sum_i w_i c_i(\boldsymbol{x})$ の $\frac{1}{N}$ 倍と教師データ $y^{(d)}$ との差の 2 乗を最小化する問題とする．$\frac{1}{N}$ するのは，引数 $\sum_i w_i c_i(\boldsymbol{x})$ の最大値が N であるために $y^{(d)} = \pm 1$ との差が大きくなりすぎないように調整するためである．$\lambda (> 0)$ がかかった項は，あまり多くの w_i を 1 にせずに比較的少数の弱識別器で効率よく構成するための項（正則化項）である．

式 (10.23) は w_i の 2 次形式なので，$w_i = (\sigma_i + 1)/2$ $(\sigma_i \in \{-1, 1\})$ とおくことによりイジング模型のハミルトニアンになる．その相互作用は

$$J_{ij} = -\frac{1}{2} \sum_{d=1}^{D} c_i(\boldsymbol{x}^{(d)}) c_j(\boldsymbol{x}^{(d)}) \tag{10.24}$$

であり，局所磁場は

$$h_i = -\frac{\lambda}{2} + \sum_{d=1}^{D} c_i(\boldsymbol{x}^{(d)}) y^{(d)} - \frac{1}{2} \sum_{d=1}^{D} \sum_{j=1}^{N} c_i(\boldsymbol{x}^{(d)}) c_j(\boldsymbol{x}^{(d)}) \tag{10.25}$$

となる．こうして得られたイジング模型の基底状態を量子アニーリングを利用して求める．以上の方法を利用して，人工衛星から撮影した地表の高解像度画像から樹木に覆われた部分とそうでない部分を判別したという報告がある [93].

---

[7] これに対してボルツマン機械学習は教師なし学習である．教師なし学習では与えられたデータを再現する別の表現を得ることが目的となる．可視変数が何がしかの確率分布に従うと考えて，与えられたデータに対して対数尤度関数という指標で再現性のある確率分布を得ることでデータの別表現を得ている．

10.3 辞書学習

　与えられたデータをいくつかのパターンの組み合わせによる表現であると仮定して，そのパターンがどのような組み合わせから成るものであるかを推定する枠組みを辞書学習と呼ぶ．特に少数のパターンから成る組み合わせとなるように工夫することが求められることが多い．

　与えられるデータとしてベクトル型のものを考える．それが複数個のデータの組 $\boldsymbol{x}^{(d)}$ $(d = 1, 2, \ldots, D)$ として与えられているとしよう．パターンを示すベクトル $\boldsymbol{v}_k$ と，どのパターンをどの程度の強さで利用するとデータの組をうまく表現できるのかを示す係数 $w_k^{(d)}$ $(k = 1, 2, \ldots, N)$ を用意する．すべてのデータをうまく表現できるように，$\boldsymbol{v}_k$ と w_k を変化させて以下のハミルトニアンの最小化を目指すという問題設定をする．

$$H = \frac{1}{2} \sum_{d=1}^{D} \left| \boldsymbol{x}^{(d)} - \sum_{k=1}^{N} \boldsymbol{v}_k w_k^{(d)} \right|^2 \tag{10.26}$$

ここで $|\boldsymbol{A}|$ はベクトル $\boldsymbol{A}$ の絶対値（大きさ）を表す．このままでは $\boldsymbol{v}_k$ を定数倍したときに $w_k^{(d)}$ をその定数の逆数倍すれば等価であることから，束縛条件を課す必要がある．適切な制約条件のもと，上記のハミルトニアンの最小化をして得られた $\boldsymbol{v}_k$ の組を辞書と呼び，多くのデータを効率的に表現するための重要なパターンの情報がこれから得られる．

　式 (10.26) に類するハミルトニアンの最小化を通して，1 つの大きな行列 $\{(\boldsymbol{x}^{(d)})_i\}_{id}$ を 2 つの行列の積 $\sum_{k=1}^{N} (\boldsymbol{v}_k)_i w_k^{(d)}$ に分解することを一般に行列分解と呼ぶ[8]．この行列分解は機械学習を始め，多くの産業的に重要な課題を定式化した最適化問題に現れる．代表的な例はクラスタリングである．クラスタリングでは，$w_k^{(d)}$ が添え字 d で指定されたデータがどのクラスに属するのかを指定するため，$w_k^{(d)}$ が 0 と 1 の 2 値変数であり，かつ $\sum_{k=1}^{N} w_k^{(d)} = 1$ を満たす．すなわち制約条件を持つイジング模型に帰着する．

　比較的容易に単純なパターンを抽出する方法として，辞書 $\boldsymbol{v}_k$ と係数 $w_k^{(d)}$ の

---

[8] $(\boldsymbol{A})_i$ はベクトル $\boldsymbol{A}$ の第 i 成分を表す．

各成分が非負であるという非負値制約条件のもと，上記のハミルトニアンの最小化を行う非負値制約行列分解が提案されている [94]．この方法では，辞書 $\boldsymbol{v}_k$ と係数 $w_k^{(d)}$ がともにスパースになる（各成分が 0 になりやすい）という性質を持ち，音声や画像データを学習することで，ごく少数の特徴的なパターンを抽出するのに役立てられている．

　この非負値制約行列分解において，係数を $w_k^{(d)}$ が 0 と 1 の 2 値にすることで比較的容易に D-Wave マシンに実装可能な最適化問題に帰着させることができる [95]．この場合，辞書 $\boldsymbol{v}_k$ については連続的な値を持つため，古典コンピュータによる最適化を必要とする．交互に辞書と係数の最適化を繰り返すことで良好な性能を引き出すという試みが報告されている．

10.4　量子ボルツマン機械学習への挑戦

　D-Wave マシンからは環境の影響により有限温度のギブス・ボルツマン分布に近い出力分布が得られるということを利用して，ボルツマン機械学習やそれに類するサンプリングを必要とする問題の解決策が得られる可能性がある．この点について文献 [83] に詳しい議論がある．量子アニーリングの独特なダイナミクスの源泉はトンネル効果であると思われている．このトンネル効果によって極小の間にあるエネルギーの山をすり抜けるために，古典的なプロセスよりも効率よく様々な状態を遷移することが期待される．しかしアニーリングの途中で，横磁場が小さい領域に到達すると，このトンネル効果が消失してエネルギーの極小に留まるという凍結現象が存在することが指摘された．そのためアニーリングの途中におけるハミルトニアンで指定されるギブス・ボルツマン分布が得られるというのが正しい表現である．これを反映して，出力が古典的なハミルトニアンではなく，横磁場の残ったハミルトニアンによる分布に従い，D-Wave マシンからは様々なスピン配位が出力される．ただこの横磁場の残ったハミルトニアンは，アニーリングの終盤におけるものであるため，ほとんど古典的なハミルトニアンと近似しても差し支えない．このことから出力されるスピン配位をボルツマン機械学習に利用してもさほど問題が生じない [84, 88].

ただし，アニーリングの途中でいつ凍結現象が起こるかは，ハミルトニアンの形状に強く依存しているため，問題によっては比較的強い横磁場が残ったハミルトニアンに従った分布が得られることもある．この凍結現象がいつ起こるかがいわば D-Wave マシンをボルツマン機械学習として利用する際の限界を決めるものとなる．凍結現象を系統的に調べる理論的枠組みが確立しているわけではないので，今後の研究が待たれる．

このような限界点が量子アニーリングのプロセスをそのまま実行した際に出現することを踏まえて，D-Wave 2000Q ではクエンチ（急冷）機能が搭載された[9]．横磁場の値を次第に弱めていく途中で，横磁場を急に切ることにより目的とする横磁場の大きさにおけるギブス・ボルツマン分布に従うスピン配位を出力することを目指す．これにより，古典的なハミルトニアンではなく，横磁場が有意な強さを保った量子的なハミルトニアンによって定められるギブス・ボルツマン分布に従うサンプリングを実施することができる．そのため，このクエンチ機能を利用することで，ボルツマン機械学習の枠を量子的なハミルトニアンにまで拡張することができる．これを量子ボルツマン機械学習と呼ぶ [96]．古典的なハミルトニアンを用いたボルツマン機械学習と同様に，対数尤度関数のようにある指標を最大化することで，データと適合する確率分布を用意することを目指す．

ただし，この量子ボルツマン機械学習では，スピン配位が従う確率分布は量子的なハミルトニアンから決まる密度行列により支配されることに注意する．

$$P(\boldsymbol{\sigma}|\boldsymbol{u}) = \mathrm{Tr}\left[\Lambda_{\boldsymbol{\sigma}}\hat{\rho}(\boldsymbol{u})\right] \tag{10.27}$$

密度行列 $\hat{\rho}(\boldsymbol{u})$ は，

$$\hat{\rho}(\boldsymbol{u}) = \frac{1}{Z_q(\boldsymbol{u})} \exp\left(-\hat{H}(\boldsymbol{u})\right) \tag{10.28}$$

と定義され，分配関数は $Z_q(\boldsymbol{u}) = \mathrm{Tr}\left[\exp(-\hat{H}(\boldsymbol{u}))\right]$ である．ここで横磁場を含む量子的なハミルトニアン $\hat{H}(\boldsymbol{u})$ を用いる．

$$\hat{H}(\boldsymbol{u}) = -\sum_{i<j} J_{ij}\hat{\sigma}_i^z\hat{\sigma}_j^z - \sum_{i=1}^{N} h_i\hat{\sigma}_i^z - \Gamma\sum_{i=1}^{N}\hat{\sigma}_i^x \tag{10.29}$$

---

[9] クエンチはアニール（徐冷）の対義語である．急に横磁場を切るという意味である．

そのため分配関数は単純にスピン配位に関する和をとるのではなくトレースで定義している．また古典的な確率分布を得るために $\Lambda_{\boldsymbol{\sigma}}$ を用意する．これはスピン配位 $\boldsymbol{\sigma}$ が実現した状態をとり出すための演算子である．

$$\Lambda_{\boldsymbol{\sigma}} = \prod_{i=1}^{N} \left(\frac{1 + \sigma_i \hat{\sigma}_i^z}{2} \right) \tag{10.30}$$

このようにして得られる確率分布を生成モデルとして，対数尤度関数を最大化するのが素朴に期待される量子ボルツマン機械学習の実行方法である．しかし極めて非自明な量子的なハミルトニアンのトレースを含む計算が残るため，そのままの実行は困難である．そこで以下で示すように Golden-Thompson の不等式 [97,98] を用いて，対数尤度関数の下限を最大化することにする．Golden-Thompson の不等式

$$\mathrm{Tr} \left[\mathrm{e}^{\hat{A}} \mathrm{e}^{\hat{B}} \right] \geq \mathrm{Tr} \left[\mathrm{e}^{\hat{A}+\hat{B}} \right] \tag{10.31}$$

より，式 (10.7) の対数尤度関数は以下の下限を持つことが示される．

$$L(\boldsymbol{u}) \geq \frac{1}{D} \sum_{d=1}^{D} \log P_{\mathrm{clamped}}(\boldsymbol{\sigma} = \boldsymbol{\sigma}^{(d)} | \boldsymbol{u}) \equiv \tilde{L}(\boldsymbol{u}) \tag{10.32}$$

ここで

$$P_{\mathrm{clamped}}(\boldsymbol{\sigma}|\boldsymbol{u}) = \frac{1}{Z_q(\boldsymbol{u})} \mathrm{Tr} \left[\exp(-\hat{H}(\boldsymbol{u}) - \log \Lambda_{\boldsymbol{\sigma}}) \right] \tag{10.33}$$

とした．指数関数の肩に登場する $-\log \Lambda_{\boldsymbol{\sigma}}$ は量子的なハミルトニアンに含まれる $\hat{\sigma}_i^z$ が σ_i と一致することを要請する制約項の役割を果たしている．そこで以下のようにトレースの部分は，古典的なハミルトニアンで置き換えてしまうという大胆な近似を行う．

$$P_{\mathrm{clamped}}(\boldsymbol{\sigma}|\boldsymbol{u}) = \frac{1}{Z_q(\boldsymbol{u})} \exp \left(-H(\boldsymbol{\sigma}|\boldsymbol{u}) \right) \tag{10.34}$$

ただし分配関数は量子的なハミルトニアンからトレースをとって得られるものとする．このようにして得られた対数尤度関数の下限部分について，ボルツマン機械学習の手続きに則り，勾配法を利用して最大化する．

$$\frac{\partial \tilde{L}(\boldsymbol{u})}{\partial \boldsymbol{u}} = -\frac{1}{D}\sum_{d=1}^{D}\frac{\partial H(\boldsymbol{\sigma} = \boldsymbol{\sigma}^{(d)}|\boldsymbol{u})}{\partial \boldsymbol{u}} + \mathrm{Tr}\left[\hat{\rho}(\boldsymbol{u})\frac{\partial \hat{H}(\boldsymbol{u})}{\partial \boldsymbol{u}}\right] \tag{10.35}$$

ここで右辺の第2項が密度行列により決まる期待値の形をとっていることから，この部分に D-Wave マシンのサンプリング機能を利用することができる．ここで横磁場が有限の値を持つ状態を利用していることに注意したい．第1項ではデータに関する平均値を計算していることは変わらない．

文献 [96] では，人工的なデータに対して，量子ボルツマン機械学習を実行した場合に，KL 情報量の観点でより近い生成モデルを得ることに成功できたことを報告している．ただし，この結果には注意が必要である．古典的なハミルトニアンに比べて横磁場の項がある分，量子的なハミルトニアンは生成モデルとしてより複雑なものを用いていることになる．一般にパラメータの数が増えた生成モデルは，データにうまく合う一方で，別に用意したデータに対してはうまく合わないことが起こるという過学習を引き起こす傾向にある．機械学習の観点からは，このようなアプローチには過学習を防ぐ正則化や適切なモデルを再考する必要があることに注意したい．しかしながら，生成モデルそのものに冗長に隠れ変数を導入することなく，パラメータを増加することでより複雑な生成モデルを作ることができて，なおかつその学習を D-Wave マシンという新しい道具の登場により効率よく実行できるという方向性は，今後の進展とともに注目するべきであろう．

第11章　量子アニーリングマシンの ベンチマーク

量子アニーリングの原理をハードウェアとして実装したD-Waveマシンを使って数多くのベンチマークテストが実施されており，いろいろな結果が報告されている．D-Waveマシンは2年程度の間隔で更新されており，実装された量子ビット数が増加しているだけでなく，ノイズの低減やパラメータの制御性の改良など技術的な進歩が目覚ましい．また，ベンチマークテストの方法についても改善が続けられている．このため，ベンチマークのデータは1, 2年以内に陳腐化して新たな研究成果で置き換えられているので，十分な注意を払いながら情勢を理解していく必要がある．

本章で紹介する例は，基礎的，理論的な観点からD-Waveマシンの性能をテストした話である．実社会の問題への適用例も増えているが，学問的な観点から性能を評価する尺度が現時点でははっきりしないので，本書の趣旨に照らして触れないことにする．

11.1　1億倍速いというのは本当か

グーグルの研究者たちが2016年に発表した論文 [47] によると，ある特別の組み合わせ最適化問題をD-Waveマシンで解いてみたところ，シミュレーテッド・アニーリングと比較して最大1億倍速いことが示されたという．記者会見を開いて発表したこともあって，「1億倍速い量子コンピュータ」との報道を数多く見かけるなど，一時期はかなり話題になった．本節では，どのような問題に対してどのような条件下で何を比較したのかを解説する．

問題設定から始めよう．D-Waveマシンのチップの基本単位である8個の量

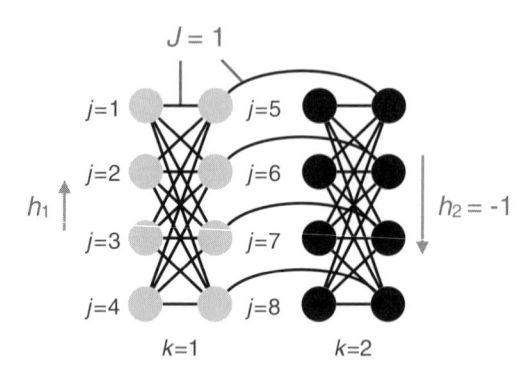

図 11.1　キメラグラフの単位 2 つが結合した図．これを 1 つのユニットとして，多くのユニットをスピングラス的に結合する．Denchev *et al.* [47] による．

子ビットの組に着目し，A と名づけよう [1]．図 11.1 で $k = 1$ と記されている左半分が A である．A の中の量子ビットの間の結合は，ハードウェア上許されるものすべてについて強磁性的 ($J = 1$) に設定する．隣接するもう 1 つの 8 量子ビットの組 B（図では $k = 2$）との間には 4 つの結合が設定できるが，これらもすべて $J = 1$ とする．組 A の中のすべての量子ビットには z 軸に沿って弱い上向きの磁場（縦磁場）$0 < h_1 < \frac{1}{2}$ をかける．式で書けば，量子ビット i に対して $-h_1 \hat{\sigma}_i^z$ という項の i についての和がハミルトニアンに加わる．組 B にはより強い下向きの縦磁場 $h_2 = -1$ をかける．A と B を合わせて 1 つのユニットとする．隣のユニットとの間には隣接する 4 つの量子ビット同士が結合可能になっているが，これはランダムに +1 か −1 に設定する．ユニット間の結合はスピングラス的である．以上が問題設定である．

　問題の解はわかっている．各ユニット内の組 A でも B でもすべての量子ビットが h_2 に沿って下向きになったものが全体の解である．これがなぜ難しい問題かというと，量子アニーリングの初期においては強い横磁場の影響により，組 A 内の量子ビットは縦磁場 h_1 に沿って上を向いた方がどちらかというと安定になっている．横磁場の影響が徐々に弱まり，相互作用が次第に大きな役割を果

---

[1] 図 2.4 で示した縦横 4 つずつの量子ビットから成る単位は，図 11.1 の左側の組 A（あるいは右側の組 B）の縦に並んだ 4 つの量子ビット 2 列の構造と等価である．例えば，左上の量子ビットはその右側の 4 量子ビットの列のすべてと結合している．これは，図 2.4 で例えば Q1 が Q5, Q6, Q7, Q8 と結合しているのと同じである．

たすようになってくると，組 A の量子ビットは一斉に反転して下向きにならね
ばならない．この一斉反転のプロセスが量子アニーリングでは比較的起こりや
すいらしいのに対し，対応する古典アルゴリズムのシミュレーテッド・アニー
リングでは一つひとつの量子ビット（スピン）の反転を多数回繰り返す必要が
あるのでなかなか難しい [2]．

　このようにして，量子アニーリングがシミュレーテッド・アニーリングに対
して有利であると思われる問題を人工的に作り D-Wave マシンに解かせてみた
ら，通常のコンピュータ上のシミュレーテッド・アニーリングよりずっと速く解
に到達したということである．それはずるいと言う人もいるかもしれない．そ
うでもあり，そうでもない．比較的大規模な問題を D-Wave マシン上で解いて
みたとき，シミュレーテッド・アニーリングに対して大幅に高速に解を求めら
れる例が 1 つでもあることさえ従来は疑問視する研究者が少なからずいた．こ
のような疑問に対する答えが出たのは事実である．

　図 11.2 は実際のデータである．横軸は問題の大きさ（量子ビット数），縦軸
は 99% の確率で正解に行き着くのに要する時間をマイクロ秒単位で測ったもの
である [3]．D-Wave と記されたデータが D-Wave マシン (D-Wave 2X) 上で得ら
れたデータ，SA がシミュレーテッド・アニーリングを高速のシングルコアのコ
ンピュータで走らせたときのデータ，QMC とあるのは量子アニーリングを通
常のコンピュータ上でシミュレートした量子モンテカルロ法の結果である．最
も大きなサイズの問題のデータ（右端）においては，D-Wave マシンが 10^4 ない
し 10^5 マイクロ秒で解に到達しているのに対して，シミュレーテッド・アニー
リング (SA) では 10^{13} マイクロ秒程度かかっている．この比はおよそ 10^8 であ
り，ここだけを切り取ってキャッチフレーズ化すると「1 億倍速い」という表
現になる．

　基礎的，理論的な立場からは 10^8 倍という単独の数字よりもデータのグラフ
の傾きの方が重要である．シミュレーテッド・アニーリング (SA) のグラフは

---

[2] 量子アニーリングでも，横磁場イジング模型のハミルトニアンの横磁場項の 1 つ $\hat{\sigma}_i^x$
　が現在の状態に作用すると，ただ 1 つの量子ビット i の反転が起きるのが基本的なプ
　ロセスである．一斉反転がなぜ起こりやすいかは自明ではない．結果としてそうなっ
　ているように見えるのである．
[3] 正解に行き着くのに要する時間の定義については次節で詳しく述べる．

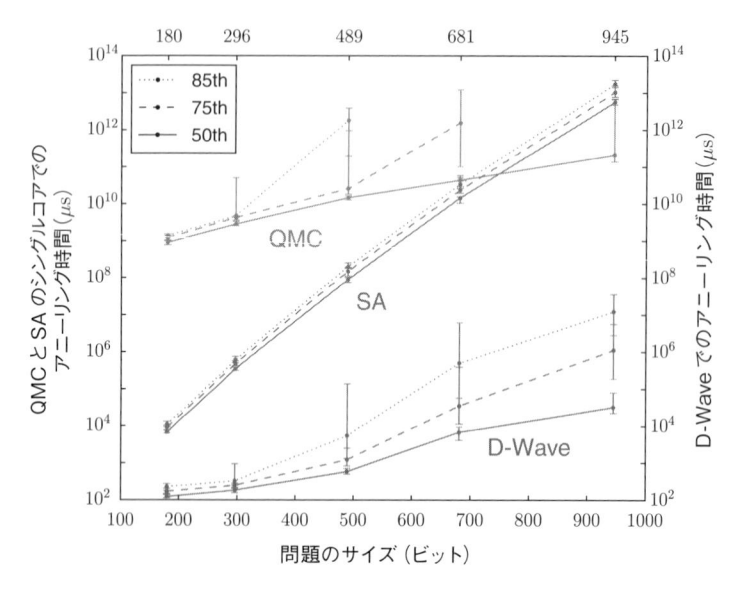

図 **11.2** 正解が得られるまでにかかる時間（縦軸）を問題のサイズ（横軸）の関数と
してプロットした図．D-Wave が実際のマシンでのデータ，SA はシミュレー
テッド・アニーリング，QMC は量子モンテカルロ法の結果である．Denchev
et al. [47] による．

D-Wave に比べてずっと大きな傾きを持っている．すると，D-Wave のチップ
に収容されている量子ビット数がこれから大きくなっていくと，差がさらに開
いていくことが予想されるという意味で 10^8 倍はひとつの通過点と位置づけら
れる．一方，D-Wave と量子モンテカルロ法 (QMC) を比較するとグラフがほ
ぼ同じ傾きを持っていることがわかる．ただし，量子モンテカルロ法の方が上
に 10^7 倍程度平行にずれている．問題のサイズが大きくなっていってもこの傾
向が続くとすると，理論的な効率の指標であるグラフの傾きという点において
は，古典アルゴリズムである量子モンテカルロ法と量子デバイスの D-Wave の
間には本質的な差がないという結論になる．ただし，10^7 程度の絶対値の比は
残る．１千万倍は小さくない．

　この話には突っ込み所がいくつかある．そもそも，シミュレーテッド・アニー
リングは最適化問題に対する古典アルゴリズムの中でも特に速い方ではない．
シミュレーテッド・アニーリングの特長はいろいろな問題に対して基本的に同

じアルゴリズムで取り組めるという汎用性であり，高速性ではない．問題の特性を生かしたアルゴリズムを作れば，シミュレーテッド・アニーリングよりずっと速く解けるはずである．例えば，組 A や B の中の 8 つのビットを一斉にひっくり返すプロセスを古典シミュレーションの中に取り入れれば大幅に速くなることが期待される．しかしながらこのやり方は，すべての量子ビットが下を向いているという最終的な解を知ったうえでそこに行きやすくするプロセスを導入しているので，フェアでないという見方もできる．量子アニーリングでは解の特徴を見越した高速化プロセスを手で入れるということはしてない．

　また，もっと速い古典コンピュータや GPU の利用，高度な並列処理やプログラムのチューニングなどの工夫をすればシミュレーテッド・アニーリングや量子モンテカルロ法がかなり高速化されるのも，ほぼ確実である．しかしこれらの操作は，シミュレーテッド・アニーリングや量子モンテカルロ法のグラフをいくぶん下に平行移動させるだけである．グラフの傾きは変わらない．それに，量子モンテカルロ法をチューニングして可能な限り高速化するにしても 10^7 倍の比を対等に近いところまで持っていく（1 千万倍高速化する）のは難しいだろう．

11.2　より精密な比較

　南カリフォルニア大のグループの最近の論文 [99] は，従来のベンチマークテストの問題点を慎重に検討して回避した重要な研究成果である．D-Wave マシンのモデル D-Wave 2X まではアニーリングを 1 回実行するのに要する時間の最小値が 20 マイクロ秒だった．2017 年現在の最新機種 D-Wave 2000Q では 5 マイクロ秒まで短く設定できるようになった．その他の点も含めたハードウェアの改良とテストに使う問題の適切な選択により，従来より格段に信頼性が高いデータが得られるようになった．

背景
　まず，正解に行き着くまでの平均的な計算時間を定義しておこう．D-Wave マ

シン上での実際の計算においては，比較的短時間のアニーリングを多数回繰り返す．時間 τ をかけた 1 回のアニーリングで正しい解が得られる確率を $P_s(\tau)$ としよう．そのようなアニーリングを R 回繰り返しても 1 回も正解が得られない確率は $\left(1 - P_s(\tau)\right)^R$ である．よって，R 回のうち少なくとも 1 回は正解が得られる確率 p_d は

$$p_d = 1 - \left(1 - P_s(\tau)\right)^R \tag{11.1}$$

となる．これを R について解くと，少なくとも 1 回正解が得られるまでの繰り返し回数 R が τ の関数として次のように求められる．

$$R(\tau) = \frac{\log(1 - p_d)}{\log\left(1 - P_s(\tau)\right)} \tag{11.2}$$

$P_s(\tau)$ と p_d が与えられたとき，この回数 $R(\tau)$ だけアニーリングを繰り返せば，少なくとも 1 回は正解が得られる．ここで p_d はいわば精度の要求水準として設定する数値である．$P_s(\tau)$ は D-Wave マシン上での実際の計算結果から見積もる．1 回のアニーリング時間が τ だから，平均的には全部で

$$\mathrm{TTS}(\tau) = \tau R(\tau) \tag{11.3}$$

の時間をかければ，少なくとも 1 回は正解が得られる．この TTS (time to solution) が現実的に最も重要な計算時間の目安であり，これが小さいほどよい．前節のベンチマークでも TTS が使われている．

　問題は，TTS が τ の単調関数でないところにある．図 11.3 は約 2000 量子ビットを持つ D-Wave 2000Q 上でスピングラスの一種を解いたときに 99% の確率で正解が得られる ($p_d = 0.99$) までの $\mathrm{TTS}(\tau)$ である．横軸は t_f (μs) と記されているが，本章の記号では τ である．$\mathrm{TTS}(\tau)$ は明らかに問題のサイズ（正確にはスピン数の平方根 L）ごとに異なる τ で最小値をとっている．精度 p_d を指定したときの実際の計算において重要な計算の目安である $\mathrm{TTS}(\tau)$ は，1 回の計算時間を長くすれば単純に増加あるいは減少するものではないことが見て取れる．やみくもにゆっくり計算すればよいものではないというのは，長時間かけて行う断熱計算のみを念頭に置きがちな立場からは，やや衝撃的ですらある．

　図をよく見ると，$t_f (= \tau)$ が大きいところでは，L によらず $\mathrm{TTS}(\tau) = t_f$ で

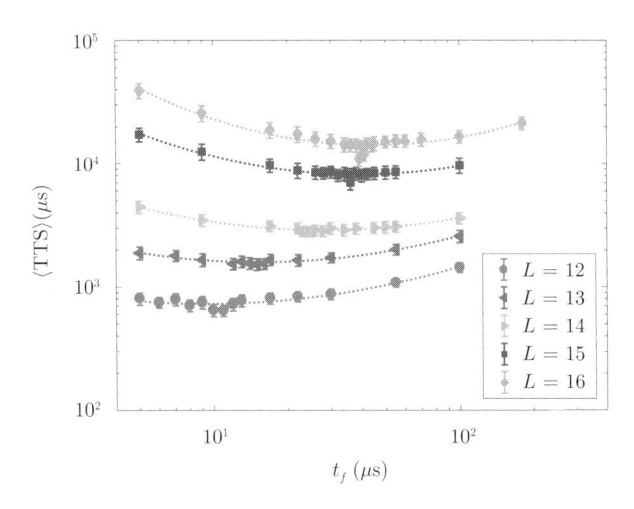

図 11.3 1 回の試行時間（横軸）の関数として正解が 99% の確率で得られるまでの時間（縦軸）．問題の大きさ L ごとに最短時間が違っている．一番下のデータが $L = 12$，次が $L = 13$ で，一番上が $L = 16$．Albash and Lidar [99] による．

表される傾き 1 の直線に近づく可能性があるように見える．$t_f (= \tau) \to \infty$ の極限では断熱条件が満たされるから，1 回の計算でほぼ確実に正解に行き着くことが期待され，$\mathrm{TTS}(\tau) = t_f$ が成立するとも解釈できる．一方，t_f が小さいところでは TTS は減少傾向にある．1 回の試行時間 t_f がひどく小さいときには一度ではなかなかうまくいかず，t_f を少し伸ばした方が正解に行き着きやすいということだろう．これら両端の振る舞いから，どこかに $\mathrm{TTS}(\tau)$ の最小値があることが理解される．結論として，全体として一定の計算時間の枠が決められたときには，適度に短い計算を多数回繰り返した方が，非常に長い時間をかけて断熱的な計算を 1 回だけ行うより効率がよい．理論的解析では $t_f (= \tau)$ が十分大きな断熱極限における議論が中心になっているが，現実のデバイス上では短時間の非断熱遷移を繰り返すことにより計算効率を上げている．このような問題に関する理論は未熟だが，興味深い方向性も示され始めている [100]．

少し別の側面から t_f と TTS と問題サイズの平方根 L の関係を見てみよう．図 11.4 は t_f を固定して TTS を L の関数として量子モンテカルロ法によるデータをプロットしたものである．t_f を固定すると L が小さいうちは TTS が L の

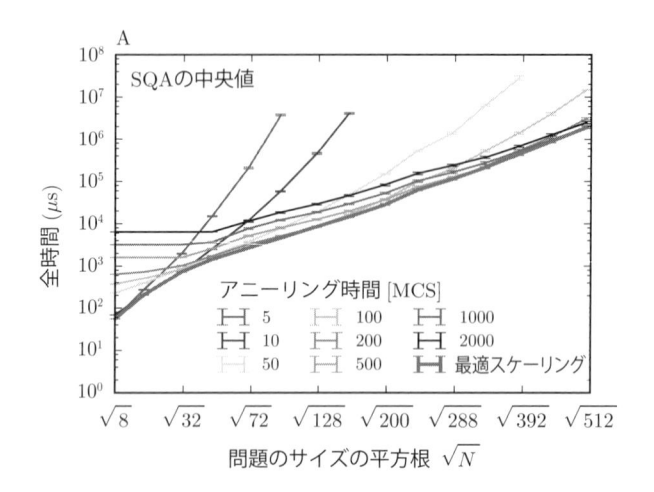

図 **11.4**　量子モンテカルロ法を用いて，1 回のアニーリング時間をいろいろな値に固定
して TTS を問題サイズの平方根の関数としてプロットしたもの．$N = 72$ より
少し大きい N でデータが終わっているのが最短のアニーリング時間 5 のデー
タ．アニーリング時間が長くなるにつれて傾きが緩やかになっている．これら
の曲線の包絡線（一番下にある全体をつないでいる線）が最適のアニーリング
時間（最適スケーリングと記載）である．Rønnow *et al.* [101] による．

関数としてほぼ一定の値になる．L が小さいときにはエネルギーギャップが比
較的大きくて少々 L が増えても断熱性が保たれるため，TTS はほぼ一定に保た
れる．一方，L が非常に大きいときには，なかなか正解に行き着かず TTS は L
の関数として急激に増加する．これらの両極端の中間の領域が最適であり，図
で「アニーリング時間」と記された $\tau\,(= t_f)$ 固定の個別の曲線の包絡線（一番
下にある全体をつないでいる線）が最適条件に該当する．つまり，L を固定し
て TTS を τ の関数として見ていくと τ が増えるに従って一度下がり，包絡線
に到達したのち再び上昇に転ずる．これは，L を固定して TTS を τ の関数と
してプロットした前の図 11.3 の様子とも符合している．

　従来のベンチマークテストの問題点は，τ を 1 つの値 (例えば D-Wave 2X で
の最短値 20 マイクロ秒) に固定したうえで，比較的小さな L について TTS を
L の関数として測定してプロットするという解析である．図 11.4 に見られるよ
うに，このときは TTS があまり顕著に増加しないため問題のサイズを増やして
も計算時間があまり増えないように思えてしまう．これは誤りである．

問題設定

次に，論文 [99] で解析した組み合わせ最適化問題を説明しよう．ランダムな相互作用を持つイジング模型であるが，相互作用 J_{ij} を結合（ボンド）ij ごとに独立にランダムに与えるスピングラスではなく，次のようにして解がはじめからわかるような工夫をする．まず，出発点になるスピン（量子ビット）を 1 つ選び，それとキメラグラフ上でつながっているスピンの中からランダムに 1 つを選んで 2 番目として，1 番目との間に強磁性的相互作用を設定する．次に，2 番目とつながっているスピンを 1 つ（1 番目以外から）ランダムに選んで 3 番目とし，2 番目と 3 番目の間にも同じ強さの強磁性的相互作用を設定する．この操作を繰り返していき，ランダムに選ばれたスピンが以前にすでに選ばれているものと一致したらそこで終了とする．こうしてループが 1 つできあがる．ループには閉じた曲線と，それから伸びたしっぽの部分ができるが，しっぽは切り捨てる．ループを構成している結合はすべて同じ強さの強磁性的相互作用に設定されているが，そのうち 1 つだけをランダムに選んで符号を反転させる．こうしてフラストレーションが導入されるが基底状態は変化しない．すべてのスピンが +1 である．このようなループを系に多数埋め込む．

実際には，以上の議論に出てくる量子ビット（スピン）は論理ビットである．キメラグラフの基本単位を構成する 8 つの物理ビット（実際のハードウェアとしての量子ビット）を 1 つの組として，これを 1 つの論理ビットとして扱う．論理ビットを多数用意するが，そのうちの約 1 割について論理ビット内の物理ビット間に図 11.5 に示すような強磁性（実線）および反強磁性（破線）の結合を最大の強さで入れるとともに，各物理ビットには図 11.5 に記入した強さの縦磁場（$\hat{\sigma}_i^z$ と結合する磁場）をかける．残りの 9 割の論理ビットにおいては物理ビット間に単純な強磁性的相互作用を設定する．以上のようなやや込み入った構成で問題を作ることにより，TTS が t_f の関数として最小になる現象が D-Wave マシン上で初めて直接的に観測できるようになり，信頼性の高いデータ解析が可能になった．

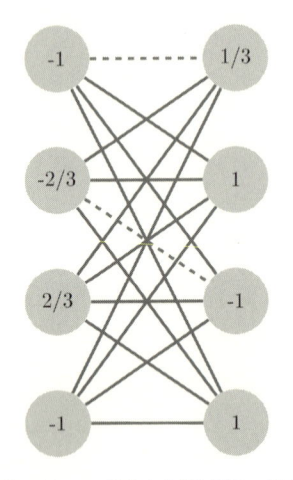

図 11.5　キメラグラフの単位の中での結合と局所磁場の選び方．Albash and Lidar [99] による．

結果

　前置きが長くなった．このように手が込んだ設定を慎重に行って得られたデータを見てみよう．図 11.6 が D-Wave 2000Q で得られた TTS を L の関数としてプロットして，シミュレーテッド・アニーリングや量子モンテカルロ法，SVMC と比較したものである．SQA とあるのは量子モンテカルロ法である．SVMC は量子アニーリングの計算プロセスを連続値を持つ古典変数のダイナミクスとして置き換えた古典アルゴリズムである．まず，絶対値において D-Wave 2000Q の TTS が他より 10^2 ないし 10^3 倍速くなっている．さらに重要なことには，量子アニーリングのグラフ (DW2KQ，最下部のデータ) とシミュレーテッド・アニーリング (SA) のグラフ（$L = 16$ で一番上にきているデータ）の傾きを比較すると前者の方が小さい．グラフからはちょっと見づらいかもしれないが，データを統計的に解析すると有意な差が出ている．この 2 つのアルゴリズムを比較したときに前者が速い場合に，限定された量子加速が存在するという表現 [101] が定着している．特に量子アニーリングを有利にするよう設計されたわけではない問題に対して，綿密に設計されたデータ取得とその解析から，限定された量子加速がはっきりと示された初めての例である．

　図 11.6 をよく見ると SQA (=量子モンテカルロ法) のデータの傾きが D-Wave

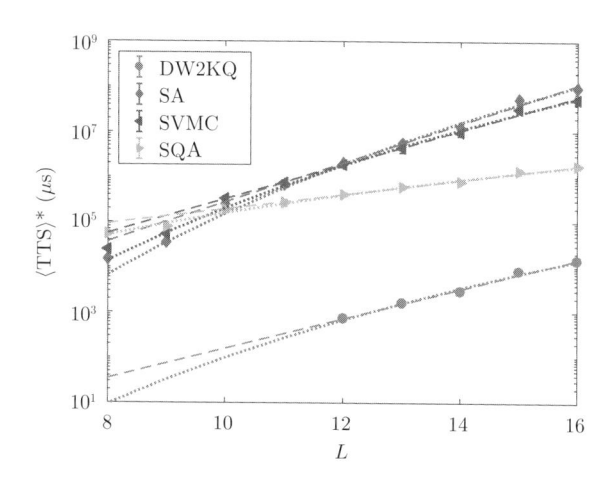

図 **11.6** 問題サイズの関数としての TTS. DW2KQ が D-Wave マシンのデータ（一番下にある $L = 12$ から 16 までプロットされている 5 つの丸印）. その他は古典コンピュータのデータ. Albash and Lidar [99] による.

2000Q のデータより小さく，問題サイズがずっと大きくなると SQA の方が速くなる可能性を示唆している. ただ，同じ問題であっても物理ビットと論理ビットを一致させて実行したデータでは傾きの差はほぼなくなることが示されているので決定的なことは言い難い. このように微妙な点が残っているが，最近は，スピングラスを用いた大規模なベンチマークの実施より，非疑似古典確率的ハミルトニアンや横磁場の精緻な制御 [102] などが計算速度に及ぼす影響を探る傾向が強まりつつある.

統計力学の処方箋

統計力学にあまりなじみのない読者のために，そのエッセンスをごく簡単に紹介しておこう．基本原理や詳細な導出には立ち入らず，物理量の具体的な計算法を述べるに留める．より深い理解を望む読者は教科書を参照されたい [103, 104].

まず古典統計力学の話をしよう．量子力学はまだ入ってこない．統計力学は，原子などの小さなスケールの（ミクロな）物質が極めてたくさん集まったマクロな物理系の性質を記述するための学問体系である．ミクロな自由度を記号 σ で表すことにする．イジング模型と呼ばれる磁性体の模型では，σ は $+1$ または -1 の 2 つの値をとる．ミクロな変数が N 個集まったとき，これらをまとめて $\boldsymbol{\sigma} = (\sigma_1, \sigma_2, \ldots, \sigma_N)$ と表すことにする．一般に N は非常に大きい数を想定しており，理論的にはしばしば $N \to \infty$ の極限（熱力学的極限）をとる．

ミクロな自由度の値の組 $\boldsymbol{\sigma}$ を系の状態と呼ぶ．状態が決まると，マクロな系のエネルギーが決まる．これを $H(\boldsymbol{\sigma})$ とする．H という記号はエネルギーに相当する量子力学の演算子ハミルトニアンを意識しているが，ここではまだ，ただの数としてのエネルギーである．マクロな系において特定のミクロな状態 $\boldsymbol{\sigma}$ が出現する確率は次のギブス・ボルツマン分布に従う．

$$P_{\mathrm{GB}}(\boldsymbol{\sigma}) = \frac{1}{Z} \exp\left(-\beta H(\boldsymbol{\sigma})\right) \tag{A.1}$$

β は温度 T の逆数 $\beta = 1/T$ である．Z は分配関数と呼ばれ，確率の定義により $P_{\mathrm{GB}}(\boldsymbol{\sigma})$ をすべての $\boldsymbol{\sigma}$ について足し上げたときに 1 にするための規格化因子である．

$$Z = \sum_{\boldsymbol{\sigma}} \exp\left(-\beta H(\boldsymbol{\sigma})\right) \tag{A.2}$$

物理量の中でも，分配関数の対数から求められる自由エネルギー F は特に重

要である.

$$F = -T \log Z \tag{A.3}$$

自由エネルギーから適切な微分を通して様々な物理量を計算することができる.

　例えば, 磁性体の模型であるイジング模型は $\boldsymbol{\sigma}$ の関数として次のエネルギーを持つ.

$$H(\boldsymbol{\sigma}) = -\sum_{i<j} J_{ij}\sigma_i\sigma_j - h\sum_{i=1}^{N} \sigma_i \tag{A.4}$$

右辺第 1 項は i と j にあるイジングスピンの間の相互作用エネルギー, 第 2 項は外部から系にかけられた磁場のエネルギーを表している. イジング模型においてどれだけスピンが揃っているかを表す物理量が, 次で定義される磁化である.

$$m = \frac{1}{N}\sum_{i=1}^{N} \sigma_i \tag{A.5}$$

これがどういう意味を持つかというと, 例えばすべての i で σ_i の値が 1 をとる完全に揃った状態だと $m = 1$ になる. 一方, i ごとに $+1$ か -1 かが五分五分の確率で実現していて, いわばランダムな無秩序状態だと m はほとんど 0 に近い値をとり, N が大きい極限では厳密に 0 になる. このように, m はスピンが全体としてどれだけ揃っているかを測る重要な量であり, 秩序パラメータと呼ばれる. 決められた条件のもとで秩序パラメータが 0 かどうかを調べるのが, 統計力学の重要な課題のひとつである.

　さて, 系の状態が式 (A.1) のギブス・ボルツマン分布に従っているとき, 式 (A.5) で定義された平均値は N が大きい極限ではギブス・ボルツマン分布での平均値に収束する.

$$m = \sum_{\boldsymbol{\sigma}} \left(\frac{1}{N}\sum_{i=1}^{N} \sigma_i\right) P_{\mathrm{GB}}(\boldsymbol{\sigma}) \tag{A.6}$$

ギブス・ボルツマン分布での平均値を以下のように書くことにする.

$$m = \left\langle \frac{1}{N}\sum_{i=1}^{N} \sigma_i \right\rangle \tag{A.7}$$

ここで自由エネルギーの出番である. 式 (A.7) は自由エネルギーを微分すれば求められる. 分配関数の定義式 (A.2) を式 (A.4) のイジング模型に当てはめると

$$Z = \sum_{\sigma} \exp\left(\beta \sum J_{ij}\sigma_i\sigma_j + \beta h \sum \sigma_i\right) \tag{A.8}$$

であるから，この対数をとって微分すると

$$\frac{1}{\beta}\frac{\partial}{\partial h}\log Z = \frac{1}{Z}\sum_{\sigma}\left(\sum_i \sigma_i\right)\exp\left(\beta \sum J_{ij}\sigma_i\sigma_j + \beta h \sum \sigma_i\right) \tag{A.9}$$

となる．これと自由エネルギーの定義式 (A.3) より

$$m = -\frac{1}{N\beta}\frac{\partial}{\partial h}(\beta F) \tag{A.10}$$

であることがわかる．エネルギーの平均値も自由エネルギーの微分から以下の
ように計算することができる．

$$E = \frac{1}{Z}\sum_{\sigma} H(\boldsymbol{\sigma})e^{-\beta H(\sigma)} = \frac{\partial}{\partial\beta}(\beta F) \tag{A.11}$$

このように，自由エネルギーは統計力学で中心的な役割を果たす重要な量である．

　以上は，エネルギー $H(\boldsymbol{\sigma})$ が通常の数（量子力学でいう古典数）の場合の古
典統計力学の話である．量子力学になると物理量は演算子（行列）になる．エ
ネルギーに相当する演算子はハミルトニアン $\hat{H}$ である．量子統計力学において
は，分配関数の定義は

$$Z = \mathrm{Tr}\left[e^{-\beta\hat{H}}\right] \tag{A.12}$$

となる．$\hat{H}$ を対角化する表示

$$\hat{H}|\phi\rangle = E(\phi)|\phi\rangle \tag{A.13}$$

を用いてトレースを書くと式 (A.12) は

$$Z = \sum_{\phi}\langle\phi|e^{-\beta\hat{H}}|\phi\rangle = \sum_{\phi}e^{-\beta E(\phi)} \tag{A.14}$$

と表され，古典統計力学の式 (A.2) と矛盾していないことがわかる．ϕ は系の
状態を表している．ギブス・ボルツマン分布は

$$\hat{\rho} = \frac{1}{Z}\exp\left(-\beta\hat{H}\right) \tag{A.15}$$

という演算子になる．これを密度行列（密度演算子）と呼ぶ．式 (A.13) を使う
と，エネルギー固有状態の完全性条件 $\sum_\phi |\phi\rangle\langle\phi| = \mathbb{1}$ を用いて密度演算子は

$$\hat{\rho} = \frac{1}{Z} \sum_\phi \exp\left(-\beta E(\phi)\right)|\phi\rangle\langle\phi| \qquad (A.16)$$

という形に帰着する．

行列（演算子）$\hat{A}$ で表される物理量の平均値は

$$\left\langle \hat{A} \right\rangle = \mathrm{Tr}\left[\hat{A}\hat{\rho}\right] \qquad (A.17)$$

である．特に，$\hat{A}$ がエネルギー固有状態の式 (A.13) で対角化される場合

$$\hat{A}|\phi\rangle = A(\phi)|\phi\rangle \qquad (A.18)$$

には上式は

$$\left\langle \hat{A} \right\rangle = \sum_\phi A(\phi) P_{\mathrm{GB}}(\phi) \qquad (A.19)$$

に帰着し，古典統計力学の期待値の表式に一致することがわかる．

D-Wave マシンの利用法

本書で解説してきた量子アニーリングを実装した D-Wave マシンを利用する様子を簡単にではあるが紹介しよう．利用するには，D-Wave Systems と契約して購入ののち設置するか，時間単位の貸し出しによるクラウド利用が可能である．急速にユーザー数が伸びており，日本でもユーザー数が着々と増えている．ここではクラウド利用をした場合を想定して，その利用の様子を紹介する．

Web ブラウザを経由した接続と，API を利用した接続方法がある．前者は主にデモンストレーションやオンラインドキュメントを読むために利用される．また，それまでに投入した計算結果の表示などでも有効である．後者は開発に際して，自前の C 言語や Python コード，Matlab によるコードに組み込むことで，D-Wave マシンをシームレスに利用することが可能である．非常に利用しやすい環境が整えられている．ここでは主に Web ブラウザ経由による接続をした場合について紹介する[1]．

まず D-Wave マシンに接続すると，最適化問題を解くための Solver API とオンラインドキュメントへのリンクが見える（図 B.1）．Solver API へ向かうと，ログイン画面が現れる．ここでユーザー情報を入力することで D-Wave マシンへのログインが完了する．

画面左上に D-Wave Systems 社のロゴとともに Solver API, Downloads, Documentations, Online Learning, Solver Visualizer と並び，それぞれトップ画面，利用するための開発環境のダウンロード，利用方法のドキュメント類，コードのサンプル等が並ぶオンライン事例集，D-Wave マシンを実行するグラフィカルインターフェースへのリンクとなっている（図 B.2）．画面右上には接続し

---

[1] Web 上のユーザーインターフェースは本書脱稿後に新機能の追加に伴う軽微な変更があった．

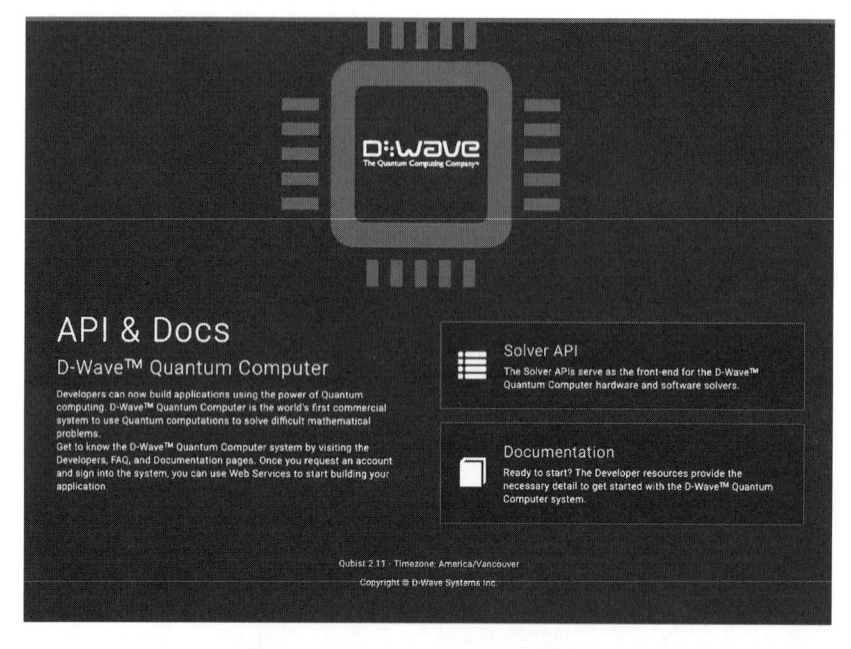

図 **B.1** D-Wave マシンへの接続画面.

たユーザー情報があり，ここで D-Wave マシンを実行するプロジェクト管理や
トークンの発行などを行う．利用する前にこれを実行する必要がある．

　トップ画面には，C 言語，Python，Matlab などの Solver API が提供されてい
ることが示してあり，右下の方には利用できる Solver が表示されている．それ
ぞれ c4-sw_optimize は比較的小規模の最適化問題をシミュレーションにより解
くものであり，c4-sw_sample はギブスボルツマン分布に従うサンプリングを行
うものである．そして，DW_2000Q_VFYC_1 が D-Wave 2000Q を利用するモー
ドであり，VFYC_1 は最近実装された仮想的に 2048 量子ビットの利用を可能
にするモード，DW_2000Q_1 が D-Wave 2000Q をそういった特別なことをせず
に利用するモードである．D-Wave 2000Q には 2048 量子ビット搭載されてい
るものの，実際に正常に動作する量子ビットはすべてではないため，こういっ
たモードが用意されている．

　さて D-Wave マシンを実際に動作させてみよう．利用するのは一番右の Solver

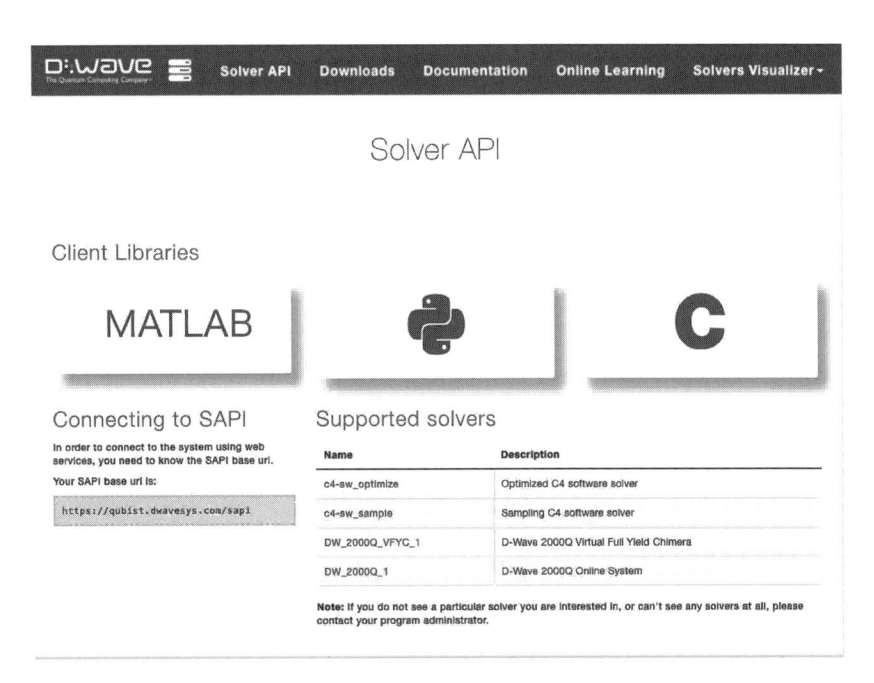

図 **B.2** D-Wave マシンへログインした後に現れる画面.

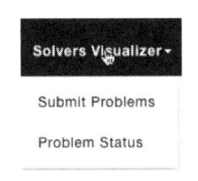

図 **B.3** Solvers Visualizer を選択した様子.

Visualizer である. ここで D-Wave マシンのパラメータの設定から操作, 最適化問題の入力, 計算結果の表示などすべてを行うことができる. 早速こちらへ向かうと, Submit Problems, Problem Status という 2 つの項目がある (図 B.3). Problem Status は, これまでに投入されたジョブの実行履歴が並び, プロジェクトごとのジョブ管理等の際に開く. Submit Problems が, D-Wave マシンに最適化問題を投じるところである. 開いて見ると, 接続のための画面が開き, やや時間が経過した後に Solver 等の選択画面が登場する (図 B.4). 上部に Configurations と Parameters という選択部分がある. 図に示すのは Configurations で

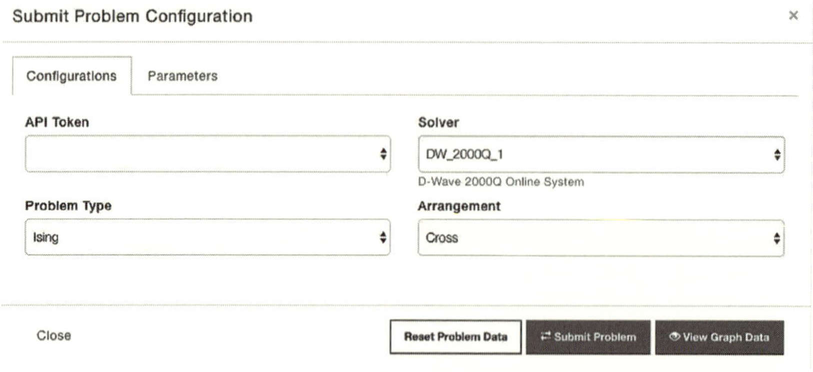

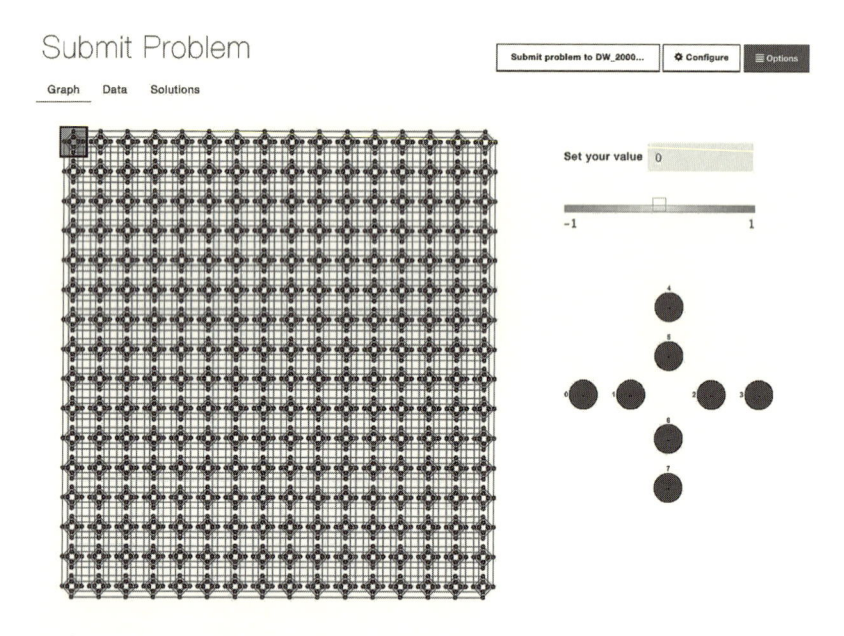

図 **B.4**　パラメータ設定画面.

図 **B.5**　キメラグラフの Cross タイプ表示.

ある．まず API Token とあるのは，利用するトークンを指定するところである．
Solver は最適化問題を解く際に利用するモードを選択するところであり，ここ
では DW_2000Q_1 とした．Problem タイプでは，Ising（±1）と QUBO（0, 1）

という 2 値変数のタイプを選択する．さらに Arrangement は Cross と Column の 2 つがあり，D-Wave マシン特有のキメラグラフをどのように表示するかの指定を行うことができる．Cross タイプでは，D-Wave マシンのユニット上で全結合をする 8 量子ビットが十字形に並ぶ形式である（図 B.5）．一方 Column タイプでは，8 量子ビットが並列する 2 列に並ぶ形式である（図 B.6）．好き好きで選べばよい．さて Parameters では，何回最適化問題を解くのか，その回数を指定するところや，D-Wave マシンからの出力を利用したギブスボルツマン分布に従うサンプリングを行う際の逆温度を設定することなどが可能である．

これらを選択したのちに View Graph を選ぶと，利用する D-Wave マシン上での量子ビットがずらっと並んだ画面を目の当たりにする．ここから 2048 量子ビットの D-Wave 2000Q を触ることができるのである．実際に 1 つグラフ上で丸印をクリックすると，そこに配置されたイジングスピンに印加する局所磁場や相互作用の様子が表示される．上部のスライダーをいじることでその強弱や符号を直接設定することができる（図 B.7）．1 つのイジングスピンが同じユ

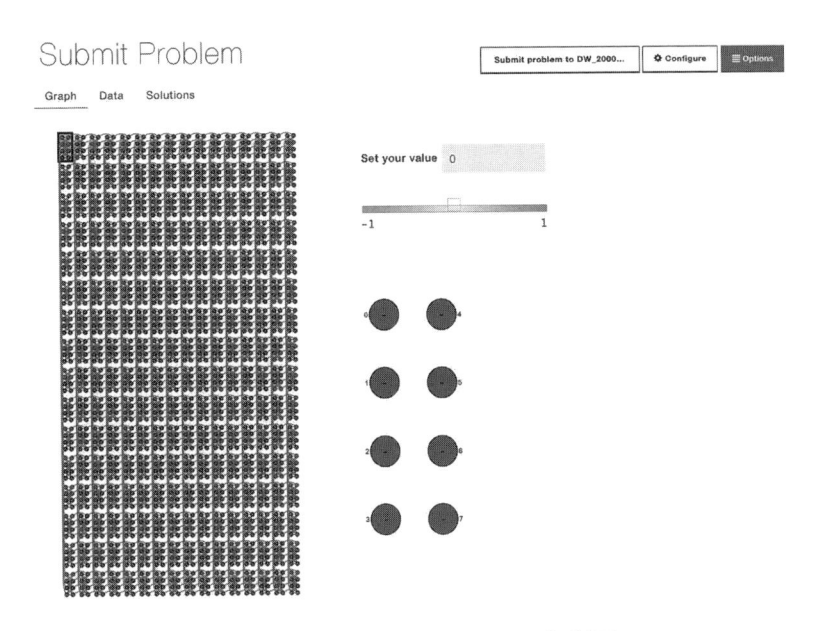

図 **B.6**　キメラグラフの Column タイプ表示．

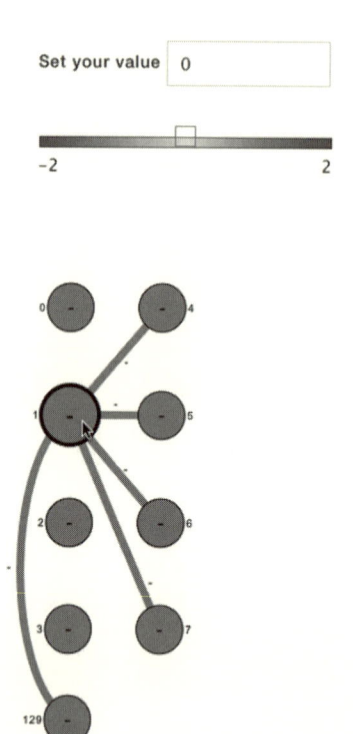

図 **B.7**　キメラグラフ上の相互作用の様子.

ニット内にある異なる 4 つと相互作用しながら，ユニット外にあるもう 1 つの
イジングスピンと結合している様子がうかがえる．一つひとつ操作することが
できること自体は驚異のシステムであるが，実際にやってみると面倒である．
局所磁場と相互作用の設定は，実際の開発等の舞台では，C 言語の配列等で指
定するため自動的に行われる．もちろんどのような最適化問題を解くかを決定
して，それをイジング模型に書き換える部分のコード等は自前で用意する必要
がある．

　いずれにせよ，このように D-Wave マシンに最適化問題を載せることで，量子
アニーリングにより最適化問題を解くことができる．試しに適当な乱数値による
相互作用，局所磁場によるイジング模型の最適化問題を解いてみよう．Options

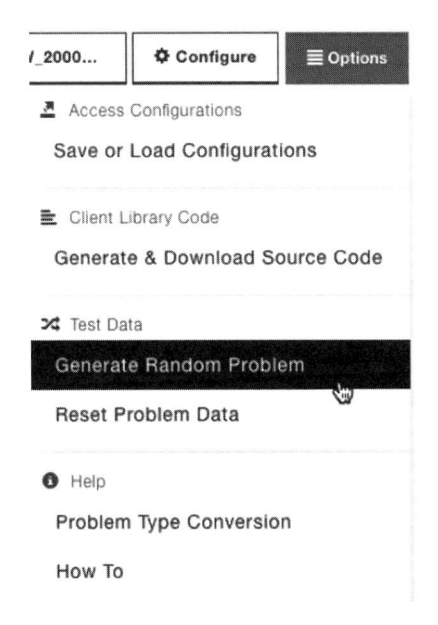

図 **B.8** Options に含まれる選択肢.

に含まれる Generate Random Problem を実行することで，適当な最適化問題
が D-Wave 2000Q 上に設定される（図 B.8）．上部の Submit Problem to.. を選
択すると D-Wave 2000Q にキメラグラフに指定した最適化問題を解くことがで
きる．早速実行してみると，通信のタイムラグを多少は感じるが，ほぼ一瞬にし
て解のリストが並ぶ（図 B.9）．この解のリストは，事前に設定した Parameters
のうち，Number of Reads によって設定した回数だけ最適化問題を解いた結果
を並べている．1000 回と設定した場合は，1000 回の試行の結果が並ぶ．Energy
とあるのがイジング模型のエネルギー値であり，Occurrences は 1000 回のうち，
その解が何度得られたのかを示している．Solution には得られた確定的なイジ
ング変数 ±1 の結果が並んでいる．キメラグラフ上に示すことも可能である．こ
の解を得るのにどの程度時間がかかったのか，その計測および表示をすること
も可能である．常時開放されているシステムであるため，多くのユーザーが接
続をすると待ち時間が発生することもあるが，典型的には図 B.10 に示すような
時間が計測される．qpu_anneal_time_per_sample とあるところが 2048 個のイジ

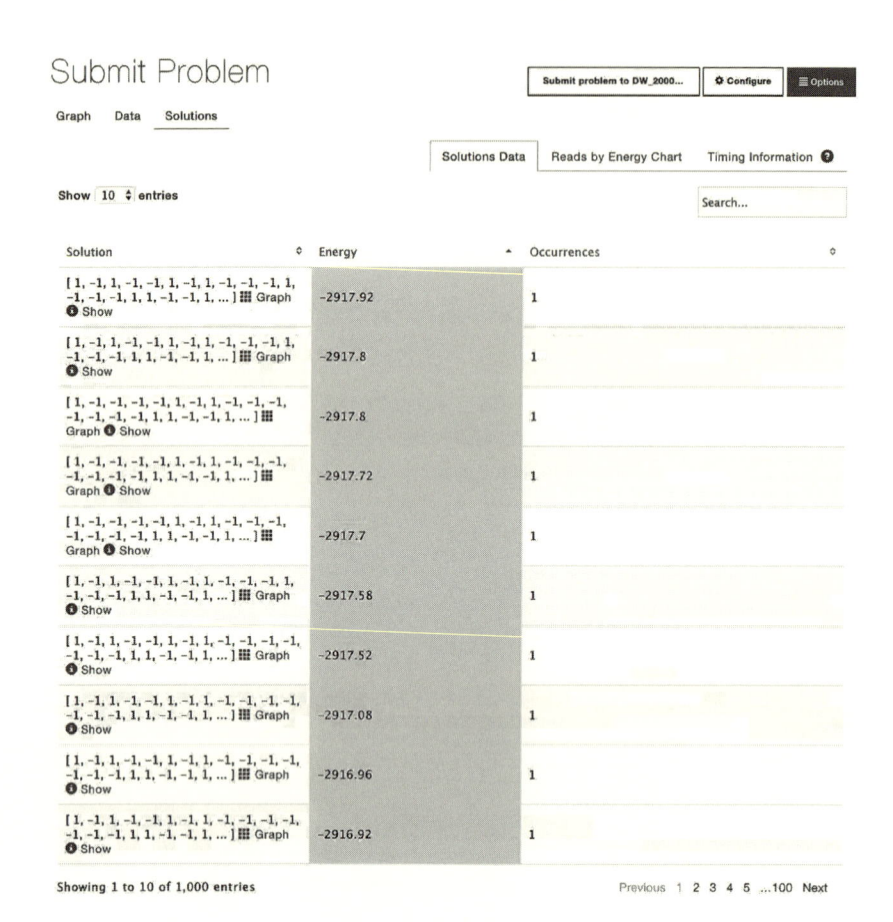

図 **B.9**　D-Wave2000Q が瞬時に出力した解のリスト.

ングスピンが関係する最適化問題を 1 回解くのにかかった時間である．D-Wave
マシンが量子アニーリングを実行するのにかかった時間は 20 マイクロ秒であ
ることが示されている．1000 回同様の最適化問題を解いても 20 ミリ秒程度で
ある．他にも様々な時間情報があり，特徴的なのは qpu_programing_time であろ
う．最適化問題を D-Wave マシン上に設定するのにかかる時間である．ハード
ウェアの設定変更に伴う時間であるから，これは仕方のない部分である．実問
題への応用を考える際に意識しておくとよいだろう．

　基本的な操作方法は以上である．敷居の非常に低い実行環境となっていると感

Submit Problem

Graph　　Data　　**Solutions**

| Submit problem to DW_2000... | ⚙ Configure | ☰ Options |

Solutions Data　　Reads by Energy Chart　　**Timing Information** ❓

Type	Time
post_processing_overhead_time	2148 μs
qpu_sampling_time	163980 μs
qpu_delay_time_per_sample	21 μs
qpu_anneal_time_per_sample	20 μs
total_post_processing_time	40857 μs
qpu_programming_time	9756 μs
qpu_access_time	210237 μs
qpu_readout_time_per_sample	123 μs

図 **B.10**　D-Wave2000Q がある最適化問題を 1000 回解くのにかかった時間情報.

じられたのではなかろうか. 解きたい最適化問題さえあればすぐに実行できる環境が整っている. 上記の操作を Web ブラウザ上で行わずに, C 言語や Python, Matlab などのコード上から D-Wave マシンを呼び出すことができる. たかだか数行のコードを付け足すだけで, 相互作用と局所磁場が与えられたイジング模型の最適化問題を体感的には瞬時に解くことができる. 既存のシステム上で, イジング模型に変換可能な最適化問題を解いている場合には, 自然に D-Wave マシンを組み込むことが可能であり, 量子アニーリングの適用を試みることが, それほどの敷居を感じないままに可能である.

　2048 量子ビットを持つキメラグラフ上のイジング模型に最適化問題を焼き直すプロセスである埋め込みについても, 自動的に実行する関数等が用意されているので, この点についてもストレスを感じることはない. 大規模な問題で 2048 量子ビットでは足りない場合についても, qbsolv というソフトウェアが提供されており, 小さな問題群への分割を自動的に行うことが可能である. qOp と呼ばれる D-Wave マシンを利用する環境を整備した後では, ターミナル上で qbsolv を実行することが可能となる. オプションで大規模の最適化問題を示すイジング模型を表すファイルを入力すると, 分割されたイジング模型の問題が出力される. この出力されたイジング模型を D-Wave マシンに順次投入していくことで, 近似的に大規模な最適化問題を解くことが可能になる.

参考文献

[1] B. Walsh. *TIME*, April 14, 2013.

[2] 電気事業連合会のサイト. `http://www.fepc.or.jp/enterprise/jigyou/japan/sw_index_04/`.

[3] 富士通のサイト. `http://www.fujitsu.com/jp/about/businesspolicy/tech/k/qa/k04.html`.

[4] T. Albash and D. A. Lidar. *Phys. Rev. A*, Vol. 91, 062320, 2015.

[5] T. Lanting *et al. Phys. Rev. X*, Vol. 4, 021041, 2014.

[6] M. W. Johnson *et al. Nature*, Vol. 473, p. 194, 2011.

[7] S. Boixo, T. Albash, F. M. Spedalieri, N. Chancellor, and D. A. Lidar. *Nature Commun.*, Vol. 4, p. 2067, 2013.

[8] S. Boixo, T. F. Rønnow, S. V. Isakov, Z. Wang, D. Wecker, D. A. Lidar, J. M. Martinis, and M. Troyer. *Nature Phys.*, Vol. 10, p. 218, 2014.

[9] S. Boixo, V. N. Smelyanskiy, A. Shabani, S. V. Isakov, M. Dykman, V. S. Denchev, M. H. Amin, A. Y. Smirnov, M. Mohseni, and H. Neven. *Nature Commun.*, Vol. 7, p. 10327, 2016.

[10] 西森秀稔. スピングラス理論と情報統計力学. 岩波書店, 1999.

[11] W. Lechner, P. Hauke, and P. Zoller. *Science Advances*, Vol. 1, e1500838, 2015.

[12] F. Pastawski and J. Preskill. *Phys. Rev. A*, Vol. 93, 052325, 2016.

[13] L. M. Sieberer and W. Lechner. *arXiv:1708.02533*.

[14] V. Choi. *Quant. Inf. Proc.*, Vol. 10, p. 343, 2011.

[15] T. Boothby, A. D. King, and A. Roy. *Quant. Inf. Proc.*, Vol. 15, p. 495, 2016.

[16] A. Rocchetto, S. C. Benjamin, and Y. Li. *Science Adv.*, Vol. 2, e1601246, 2016.

[17] T. Albash, W. Vinci, and D. A. Lidar. *Phys. Rev. A*, Vol. 94, 022327, 2016.

[18] A. Zaribafiyan, D. J. J. Marchand, and S. S. Changiz Rezaei. *Quantum Inf. Proc.*, Vol. 16, p. 1, 2017.

[19] M. Mézard and A. Montanari. *Information, Physics, and Computation*. Oxford University Press, 2009.

[20] A. Ben-Dor, R. Shamir, and Z. Yakhini. *J. Comp. Bio.*, Vol. 6, p. 281, 1999.

[21] R. Das and S. Saha. In *IEEE Congress on Evolutionary Computation (CEC)*, p. 3124, 2016.

[22] M. B. Gorzalczany, F. Rudzinski, and J. Piekoszewski. *In IEEE International Joint Conference on Neural Networks (IJCNN)*, p. 3666, 2016.

[23] L. Marisa *et al. PLOS Med.*, Vol. 10, p. 1, 2013.

[24] S. Mudambi. *Industrial Marketing Management*, Vol. 31, p. 525, 2002.

[25] K. Y. Chan, C. K. Kwong, and B. Q. Hu. *App. Soft Comp.*, Vol. 12, p. 1371, 2012.

[26] V. Kumar, G. Bass, C. Tomlin, and J. Dulny III. *Quantum Inf. Proc.* Vol. 17, 39, 2017.

[27] 西森秀稔. 相転移・臨界現象の統計物理学. 培風館, 2005.

[28] 高橋和孝, 西森秀稔. 相転移・臨界現象とくりこみ群. 丸善出版, 2017.

[29] Y. Seki and H. Nishimori. *Phys. Rev. E*, Vol. 85, 051112, 2012.

[30] Y. Susa, J. F. Jadebeck, and H. Nishimori. *Phys. Rev. A*, Vol. 95, 042321, 2017.

[31] J. Roland and N. Cerf. *Phys. Rev. A*, Vol. 65, 042308, 2002.

[32] T. Jörg, F. Krzakala, J. Kurchan, A. C. Maggs, and J. Pujos. *EPL*, Vol. 89, 40004, 2010.

[33] J. Du, L. Hu, Ya Wang, J. Wu, M. Zhao, and D. Suter. *Phys. Rev. Lett.*, Vol. 101, 060403, 2008.

[34] S. Jansen, M.-B. Ruskai, and R. Seiler. *J. Math. Phys.*, Vol. 48, 102111, 2007.

[35] T. Albash and D. A. Lidar. *Rev. Mod. Phys.*, Vol. 90, 015002, 2018.

[36] R. Somma, D. Nagaj, and M. Kieferová. *Phys. Rev. Lett.*, Vol. 109, 050501, 2012.

[37] S. Muthukrishnan, T. Albash, and D. A. Lidar. *Phys. Rev. X*, Vol. 6, 031010, 2016.

[38] E. Crosson, E. Farhi, C. Y.-Y. Lin, H. Lin, and P. Shor. *arXiv:1401.7320*.

[39] D. S. Steiger, T. F. Rønnow, and M. Troyer. *Phys. Rev. Lett.*, Vol. 115, 230501, 2015.

[40] D. Herr, E. Brown, B. Heim, M. Könz, G. Mazzola, and M. Troyer. *arXiv:1705.00420*.

[41] J. Raymond, S. Yarkoni, and E. Andriyash. *Front. ICT*, Vol. 3, p. 23, 2016.

[42] B. Damski and M. M. Rams. *J. Phys. A*, Vol. 47, 025303, 2014.

[43] S. Dusuel and J. Vidal. *Phys. Rev. B*, Vol. 71, 224420, 2005.

[44] V. Bapst and G. Semerjian. *J. Stat. Mech.*, Vol. 2012, P06007, 2012.

[45] S. Matsuura, H. Nishimori, W. Vinci, T. Albash, and D. A Lidar. *Phys. Rev. A*, Vol. 95, 022308, 2017.

[46] A. P. Young, S. Knysh, and V. N. Smelyanskiy. *Phys. Rev. Lett.*, Vol. 104, 020502, 2010.

[47] V. S. Denchev, S. Boixo, S. V. Isakov, N. Ding, R. Babbush, V. Smelyan-skiy, J. Martinis, and H. Neven. *Phys. Rev. X*, Vol. 6, 031015, 2016.

[48] S. V. Isakov, G. Mazzola, V. N. Smelyanskiy, Z. Jiang, S. Boixo, H. Neven, and M. Troyer. *Phys. Rev. Lett.*, Vol. 117, 180402, 2016.

[49] Z. Jiang, V. N. Smelyanskiy, S. V. Isakov, S. Boixo, G. Mazzola, M. Troyer, and H. Neven. *Phys. Rev. A*, Vol. 95, 012322, 2017.

[50] G. Mazzola, V. N. Smelyanskiy, and M. Troyer. *Phys. Rev. B*, Vol. 96, 134305, 2017.

[51] G. G. Cabrera and R. Jullien. *Phys. Rev. B*, Vol. 35, p. 7061, 1987.

[52] J. Tsuda, Y. Yamanaka, and H. Nishimori. *J. Phys. Soc. Jpn.*, Vol. 82, 114004, 2013.

[53] S. Morita and H. Nishimori. *J. Phys. Soc. Jpn.*, Vol. 76, 064002, 2007.

[54] S. Morita and H. Nishimori. *J. Math. Phys.*, Vol. 49, 125210, 2008.

[55] H. Rieger and N. Kawashima. *Euro. Phys. J. B*, Vol. 9, p. 233, 1999.

[56] S. Morita and H. Nishimori. *J. Phys. A*, Vol. 39, p. 13903, 2006.

[57] M. B. Hastings and M. Freedman. *Quantum Inf. Comp.*, Vol. 13, p. 1038, 2013.

[58] M. Jarret, S. P. Jordan, and B. Lackey. *Phys. Rev. A*, Vol. 94, 042318, 2016.

[59] E. Andriyash and M. H. Amin. *arXiv:1703.09277*.

[60] S. Geman and D. Geman. *IEEE Trans. Pattern Analy. Mech. Intell.*, Vol. PAMI-6, p. 721, 1984.

[61] H. Nishimori and Y. Nonomura. *J. Phys. Soc. Jpn.*, Vol. 65, p. 3780, 1996.

[62] R. Barends *et al.* *Nature*, Vol. 534, p. 222, 2016.

[63] S. Lloyd. *Science*, Vol. 273, p. 1073, 1996.

[64] E. Farhi, J. Goldstone, S. Gutmann, and M. Sipser. *arXiv:0001106*.

[65] D. Aharonov, W. van Dam, J. Kempe, Z. Landau, S. Lloyd, and O. Regev. *SIAM J. Comp.*, Vol. 37, p. 166, 2007.

[66] J. Biamonte and P. Love. *Phys. Rev. A*, Vol. 78, 012352, 2008.

[67] A. Yu. Kitaev, A. H. Shen, and M. N. Vyalyi. *Classical and Quantum Computation (Graduate Studies in Mathematics Vol.47)*. American Mathematical Society, 2002.

[68] S. Bravyi, D. P. Di Vincenzo, R. Oliveira, and B. M. Terhal. *Quantum Inf. Comput.*, Vol. 8, p. 361, 2008.

[69] B. Seoane and H. Nishimori. *J. Phys. A*, Vol. 45, 435301, 2012.

[70] Y. Seki and H. Nishimori. *J. Phys. A*, Vol. 48, 335301, 2015.

[71] H. Nishimori and K. Takada. *Front. ICT*, Vol. 4, p. 2, 2017.

[72] M. Ohzeki and A. Ichiki. *Phys. Rev. E*, Vol. 92, 012105, 2015.

[73] M. Suzuki. *Prog. Theor. Phys.*, Vol. 56, p. 1454, 1976.

[74] J. Zinn-Justin. *Path Integrals in Quantum Mechanics.* Oxford University Press, 2005.

[75] B. Heim, T. F. Rønnow, S. V. Isakov, and M. Troyer. *Science*, Vol. 348, p. 215, 2015.

[76] M. Ohzeki. *Sci. Rep.*, Vol. 7, p. 41186, 2017.

[77] 麻生英樹, 安田宗樹, 前田新一, 岡野原大輔, 岡谷貴之, 久保田陽太郎, ボレカラダヌシカ. 深層学習. 近代科学社, 2015.

[78] 岡谷貴之. 深層学習. 講談社, 2015.

[79] D. P. Kingma and J. Ba. *In the 3rd International Conference for Learning Representations (ICLR)*, 2015.

[80] H. Robbins and S. Monro. *Ann. Math. Statist.*, Vol. 22, p. 400, 1951.

[81] 大関真之. 機械学習–ボルツマン機械学習から深層学習まで. オーム社, 2015.

[82] D. Korenkevych, Y. Xue, Z. Bian, F. Chudak, W. G. Macready, J. Rolfe, and E. Andriyash. *arXiv:1611.04528.*

[83] M. H. Amin. *Phys. Rev. A*, Vol. 92, 052323, 2015.

[84] M. Benedetti, J. Realpe-Gómez, R. Biswas, and A. Perdomo-Ortiz. *Phys. Rev. A*, Vol. 94, 022308, 2016.

[85] A. Levit, D. Crawford, N. Ghadermarzy, J. S. Oberoi, E. Zahedinejad, and P. Ronagh. *arXiv:1706.00074.*

[86] G. E. Hinton. *Neural Comp.*, Vol. 14, p. 1771, 2002.

[87] T. Tieleman. *In Proceedings of the 25th International Conference on Machine Learning*, p. 1064. ACM, 2008.

[88] S. H. Adachi and M. P. Henderson. *arXiv:1510.06356.*

[89] M. Benedetti, J. Realpe-G'omez, and A. Perdomo-Ortiz. *arXiv:1708.09784.*

[90] G. E. Hinton, P. Dayan, B. J. Frey, and R. M. Neal. *Science*, Vol. 268, p. 1158, 1995.

[91] H. Neven, V. S. Denchev, G. Rose, and W.G. Macready. *arXiv:0811.0416.*

[92] H. Neven, V. S. Denchev, G. Rose, and W. G. Macready.

arXiv:0912.0779.

[93] E. Boyda, S. Basu, S. Ganguly, A. Michaelis, S. Mukhopadhyay, and R. Nemani. *PLoS ONE*, Vol. 12, e0172505, 2017.

[94] D. D. Lee and H. S. Seung. *Nature*, Vol. 401, No. 6755, p. 788, 1999.

[95] D. O'Malley, V. V. Vesselinov, B. S. Alexandrov, and L. B. Alexandrov. *arXiv:1704.01605.*

[96] M. H. Amin, E. Andriyash, J. Rolfe, B. Kulchytskyy, and R. Melko. *arXiv:1601.02036.*

[97] S. Golden. *Phys. Rev.*, Vol. 137, p. B1127, 1965.

[98] C. Thompson. *J. Math. Phys.*, Vol. 6, p. 1812, 1965.

[99] T. Albash and D. A. Lidar. *arXiv:1705.07452.*

[100] L. Arceci, S. Barbarino, R. Fazio, and G. E. Santoro. *Phys. Rev. B*, Vol. 96, 054301, 2017.

[101] T. F. Rønnow, Z. Wang, J. Job, S. Boixo, S. V. Isakov, D. Wecker, J. M. Martinis, D. A. Lidar, and M. Troyer. *Science*, Vol. 345, p. 420, 2014.

[102] Y. Susa, Y. Yamashiro, M. Yamamoto, and H. Nishimori. *J. Phys. Soc. Jpn.*, Vol. 87, 023002, 2018.

[103] 田崎晴明. 統計力学 I, II. 培風館, 2008.

[104] チャールズ・キッテル. 熱物理学. 丸善, 1983.

索 引

MEMO

MEMO

MEMO

MEMO

著者紹介

西森秀稔（にしもり　ひでとし）

1982 年 東京大学大学院理学系研究科博士課程修了
1984 年 東京工業大学理学部　助手
1990 年 東京工業大学理学部　助教授
1996 年 東京工業大学理学部（2016 年より理学院）
　　　　教授
2018 年 東京工業大学科学技術創成研究院　教授
2018 年 東北大学大学院情報科学研究科　教授
　　　　（クロスアポイントメント）
2024 年 東京工業大学名誉教授　特任教授

大関真之（おおぜき　まさゆき）

2008 年 東京工業大学大学院理工学研究科博士課程修了
2010 年 京都大学大学院情報学研究科　助教
2016 年 東北大学大学院情報科学研究科応用情報科学
　　　　専攻　准教授
2018 年 東京工業大学科学技術創成研究院　准教授
　　　　（クロスアポイントメント）

著　書　「機械学習入門—ボルツマン機械学習から深層
　　　　学習まで—」（オーム社，2016）
　　　　「量子コンピュータが人工知能を加速する」，
　　　　共著（日経 BP 社，2016）
　　　　「先生，それって「量子」の仕業ですか？」
　　　　（小学館，2017）等

趣 味 等　子供と一緒に鉄道巡り

受 賞 歴　第 6 回日本物理学会若手奨励賞（領域 11）
　　　　平成 28 年度文部科学大臣表彰若手科学者賞

基本法則から読み解く 物理学最前線 18

量子アニーリングの基礎

Elements of Quantum Annealing

2018 年 5 月 25 日　初版 1 刷発行
2024 年 9 月 5 日　初版 5 刷発行

著　者　西森秀稔・大関真之　ⓒ 2018

監　修　須藤彰三
　　　　岡　真

発行者　南條光章

発行所　**共立出版株式会社**
東京都文京区小日向 4-6-19
電話　03-3947-2511（代表）
郵便番号　112-0006
振替口座　00110-2-57035
URL　www.kyoritsu-pub.co.jp

印　刷　藤原印刷
製　本

検印廃止

NDC 421.3, 007.1

ISBN 978-4-320-03538-6

一般社団法人
自然科学書協会
会員

Printed in Japan